高职高专计算机规划教材·任务教程系列

计算机组装与维护实用教程

<table>
<tr><td>主　编</td><td>帅志军</td><td>洪晓静</td><td></td><td></td></tr>
<tr><td>副主编</td><td>颜建仁</td><td>杨志成</td><td>蔡龙飞</td><td>梅江为</td></tr>
<tr><td>参　编</td><td>辛诚琨</td><td>姚昕凡</td><td>杨清华</td><td>王日旭</td></tr>
<tr><td>主　审</td><td>王和平</td><td></td><td></td><td></td></tr>
</table>

U0316569

中国铁道出版社
CHINA RAILWAY PUBLISHING HOUSE

内 容 简 介

本书是根据应用型人才培养强调基础知识和实际动手能力的要求，同时兼顾计算机基础教育特点和计算机爱好者自学提高的需要而编写的，内容翔实，图文并茂，强调实用性，理论联系实际，注重动手能力的培养。

全书共有 13 个单元，分别介绍了计算机系统、中央处理器和散热器、主板、内存、外存储设备、显卡和液晶显示器、多媒体和外围设备、计算机的组装、笔记本式计算机的基础知识、BIOS 设置、硬盘分区格式化和系统安装、微机维护与维修、操作系统的实用技巧等内容。

本书适合作为高职高专计算机专业和电子类专业的教材，也可作为计算机 DIY 爱好者、装机人员、计算机维修人员的参考书。

图书在版编目（CIP）数据

计算机组装与维护实用教程/帅志军，洪晓静主编.
—北京：中国铁道出版社，2012.8（2014.6 重印）
高职高专计算机规划教材.任务教程系列
ISBN 978-7-113-14877-5

Ⅰ.①计… Ⅱ.①帅… ②洪… Ⅲ.①电子计算机—组装—高等职业教育—教材②计算机维护—高等职业教育—教材Ⅳ.①TP30

中国版本图书馆 CIP 数据核字(2012)第 146923 号

书　　名：	计算机组装与维护实用教程
作　　者：	帅志军　洪晓静　主编

策　　划：王春霞		读者热线：400-668-0820
责任编辑：秦绪好		
编辑助理：冯彩茹		
封面设计：大象设计·小戚		
封面制作：刘　颖		
责任印制：李　佳		

出版发行：中国铁道出版社（100054，北京市西城区右安门西街 8 号）
网　　址：http://www.51eds.com
印　　刷：北京鑫正大印刷有限公司
版　　次：2012 年 8 月第 1 版　　2014 年 6 月第 2 次印刷
开　　本：787mm×1092mm　1/16　印张：11.75　字数：281 千
印　　数：3 001～5 000 册
书　　号：ISBN 978-7-113-14877-5
定　　价：24.00 元

随着计算机技术的普及，大众对使用计算机进行商务、学习、工作、生活等需求的增长，计算机已经成为人们工作、学习、生活不可缺少的高科技产品之一。如今，计算机以每年几百万台的趋势迅速增加，进入人们生活的方方面面。但随之而来的是计算机在日常使用过程的维护等问题，所以掌握计算机的选购、组装、维护等一些实用技术，不仅对于专业教学大有好处，而且对于普通计算机用户来说也是十分必要的。

本教材编写组与企业密切合作，紧紧围绕工作任务完成的需要来选择和组织教材内容，具有如下特点：

（1）内容翔实。包含了计算机硬件知识、装机过程、系统设置与安装以及计算机维护和常见故障的处理等内容。全书通过 13 个单元介绍了计算机系统、中央处理器和散热器、主板、内存、外存储设备、显卡和液晶显示器、多媒体和外围设备、计算机组装、笔记本式计算机基础知识、BIOS 设置、硬盘分区格式化和系统安装、微机维护与维修、操作系统的实用技巧。

（2）基于任务驱动。全书共分 16 个任务，每项任务均突出了工作任务和知识的联系。可以在职业活动的基础上掌握知识，增强课程内容与职业岗位能力。

（3）针对笔记本式电脑的日益普及，增加了笔记本式计算机的相关知识。

（4）全书介绍各类型硬件时均配以大量的精彩图片，使读者的学习更加直观、轻松。

（5）实用性强。通过本书的学习，即使计算机新手也能在实践中掌握计算机的组装与拆卸以及常见故障的维护等知识。

（6）每单元章后面增加小常识，与现实联系紧密，能现学现用。让学生开拓了视野，增长了课外知识。

通过本书的学习，能使读者对计算机有较系统、全面地认识，使读者具有识别、选购、组装及维护微机的能力。全书篇幅合适，理论联系实际，既有利于教学，又有利于自学，是学习计算机组装的理想用书。

为了方便教学，本书还配有电子教学参考资料包（包括多媒体课件 PPT、课后习题答案、虚拟仿真实验等），任课教师可联系作者（171267858@qq.com）或访问中国铁道出版社网站 http://www.51eds.com 下载相关资料。

本书由帅志军、洪晓静任主编，颜建仁、杨志成、蔡龙飞、梅江为任副主编，王和平主审；参编人员有辛诚琨、姚昕凡、杨清华、王日旭，全书由帅志军统稿。本书得到了江西现代职业技术学院信息工程分院蔡泽光院长的"大"力指导及兄弟院校的支持，在此表示衷心感谢。

由于时间仓促，书中不足之处在所难免，敬请各位读者批评指正。

编 者
2012 年 6 月

前 言

单元 一
计算机系统的概述

引 言

科技高度发达的今天，计算机已成为主流，正是计算机的问世，改变了这个世界的层次。作为现代人，了解计算机的结构，掌握计算机的操作，是一项最基本的技能之一。要做到这些，就必须知道计算机的组成及其工作原理，计算机的硬件组成是计算机组装与维护的最基本的知识。

学习目标

认识计算机并了解计算机的基础知识，且可以根据自己的需要来选择合适的硬件，从而购买适合自己的计算机。通过本单元的学习，应掌握以下几点：

- 了解计算机的简介及发展
- 掌握计算机的基础知识

任务一　了解计算机硬件的基础知识

任务描述

在移动营业厅交话费时，看见移动工作人员使用的计算机；在银行办理业务时，看见银行工作人员操作的计算机；在商场买完东西到收银台，可看到收银计算机……计算机随处可见，那么计算机的组成部件有哪些？如何购买一台适合自己的计算机呢？

任务分析

打开 IE 浏览器进入百度搜索，输入"计算机"，得知：计算机是 20 世纪最伟大的科学技术发明之一，对人类的生产活动和社会活动产生了极其重要的影响，并以强大的生命力飞速发展。它的应用领域从最初的军事科研应用扩展到目前社会的各个领域，已形成规模巨大的计算机产业，带动了全球范围的技术进步，由此引发了深刻的社会变革。计算机已遍及学校、企事业单位，进入寻常百姓家，成为信息社会中必不可少的工具，是人类进入

图 1-1　计算机的外观

信息时代的重要标志之一。我们普通使用的计算机称为微型计算机，又称微机，如图 1-1 所示。

计算机主要由硬件系统和软件系统组成，硬件系统是指计算机的物理部件，是看得见摸得着的，软件系统是指计算机的数据和程序等，由程序工程师编写，软件系统是看得见但摸不着的。硬件系统和软件系统缺一不可，两者缺一不可。

从外部结构可以看到，计算机硬件结构主要由主机、显示器、键盘、鼠标、音箱等部件组成。而主机是计算机的主体，在主机箱中有主板、CPU、内存、电源、显卡、声卡、网卡、硬盘、光驱等硬件。其中，主板、CPU、内存、电源、显卡、硬盘是必需的，是主机工作不可缺少的部分。软件系统包括系统软件和应用软件，系统软件是管理、维护和监控计算机的程序，最主要的系统软件是操作系统，而平常我们使用的大多数扩展应用如 QQ、游戏、影音播放器、杀毒软件等都是应用软件，它们一般都运行在操作系统上。

任务实施

1. 认识硬件

（1）计算机的外观

从计算机的整体外观上看，计算机主要由显示器、主机箱、键盘、鼠标、音箱组成。

（2）主机箱

用螺丝刀拆开主机箱的后面板，可以看见主机内部主要由主板、CPU、CPU 风扇、显卡、内存、硬盘、电源、光驱、数据线等组成，如图 1-2 所示。

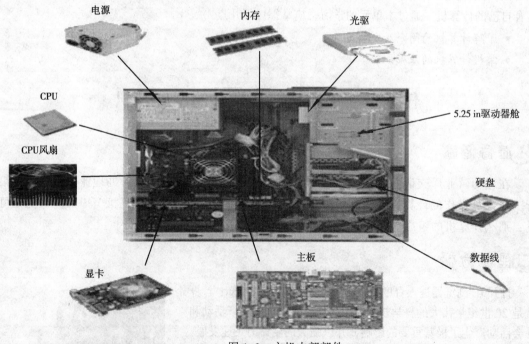

图 1-2　主机内部部件

2. 认识软件

计算机的软件是指为了运行、管理和维护计算机系统所编制的各种程序的总和。软件一般分为系统软件和应用软件。系统软件通常由计算机的设计者或专门的软件公司提供，包括操作系统、计算机的监控管理程序、程序设计语言等。应用软件是由软件公司、用户，利用各种系统软件、程序设计语言编制的，用来解决各种实际问题的程序。打开计算机电源后，首先启动的软件是系统软件（操作系统），然后打开安装的某一应用软件（如 QQ），观察该软件的界面特征，了解该软件的基本功能。

相关知识

1. 计算机的简介及发展

计算机是由早期的电动计算器发展而来的。1946 年，世界上出现了第一台电子数字计算机 ENIAC（见图 1-3），用于计算弹道，由美国宾夕法尼亚大学莫尔电工学院制造。1956 年，晶体管电子计算机诞生，这是第二代电子计算机。只要几个大一点的柜子就可将它容下，运算速度也大大地提高。1959 年出现的是第三代集成电路计算机。最初的计算机由约翰·冯·诺依曼发明（那时计算机的计算能力相当于现在的计算器），但体积宠大。

图 1-3 第一台电子数字计算机 ENIAC

1977 年出现的是第四代大规模集成电路和超大规模集成电路计算机，其体积和重量进一步缩小，以大规模、超大规模集成电路为基础发展起来的微处理器和微型计算机，为计算机的普及和网络化铺平了道路。随后出现的是个人计算机，最早的个人计算机之一是美国苹果（Apple）公司的 Apple Ⅱ 型计算机，于 1977 年开始在市场上出售。随之出现了 TRS-80（Radio Shack 公司）和 PET-2001（Commodore 公司）。从此以后，各种个人计算机如雨后春笋般纷纷出现。当时的个人计算机一般以 8 位或 16 位的微处理器芯片为基础，存储容量为 64 KB 以上，具有键盘、显示器等输入/输出设备，并可配置小型打印机、软盘、盒式磁盘等外围设备，且可以使用各种高级语言自编程序。

2. 计算机的结构原理

无论计算机如何发展，都遵循冯·诺依曼体系结构（见图 1-4），在由他执笔的报告中，提出采用二进制计算、存储程序，并在程序控制下自动执行的思想。按照这一思想，新机器由运算器、控制器、存储器、输入、输出 5 个部件构成，报告还描述了各部件的职能和相互间的联系，以后这种模式的计算机均称为冯·诺依曼机。

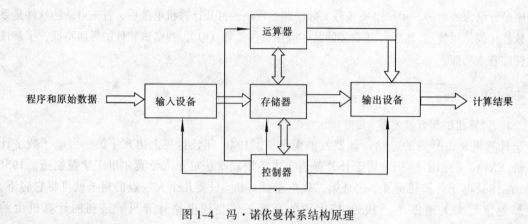

图 1-4　冯·诺依曼体系结构原理

根据冯诺依曼体系结构原理构成的计算机，必须具有以下功能：

① 把需要的程序和数据送至计算机中。

② 必须具有长期记忆程序、数据、中间结果及最终运算结果的能力。

③ 能够完成各种算术、逻辑运算和数据传送等数据加工处理的能力。

④ 能够根据需要控制程序走向，并能根据指令控制机器的各部件协调操作。

⑤ 能够按照要求将处理结果输出给用户。

计算机各大部分之间传送的信号有 3 种：数据、地址和控制信号（见图 1-5）。传送数据信号的线称为数据总线 DB（Data Bus），传送地址信号的线称为地址总线 AB（Address Bus），传送控制信号的线称为控制总线 CB（Control Bus）。这 3 个总线将计算机的五大部分连接起来。总线就像"高速公路"，总线上传送的信息则被视为公路上的"车辆"。显而易见，在单位时间内公路上通过的"车辆"数直接依赖于公路的宽度、质量。因此，总线技术成为计算机系统结构的一个重要方面。

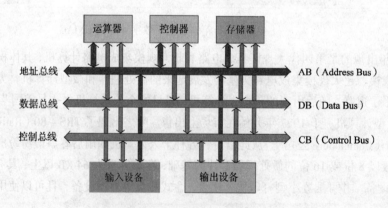

图 1-5　"三总线"原理

微机虽然体积不大，却具有许多复杂的功能和很高的性能，因此在系统组成上几乎与大型电子计算机系统没有什么不同。微型计算机系统的组成与传统的计算机系统一样，也是由硬件系统和软件系统两大部分组成。图 1-6 所示是计算机系统的组织结构图。

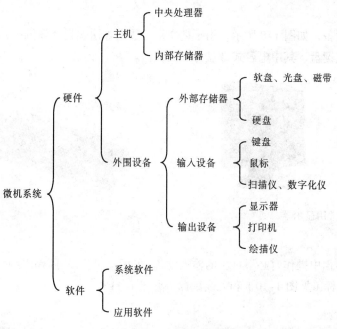

图 1-6　计算机系统的组织结构图

3.计算机硬件系统

1）主机

主机是整个计算机的中心，从功能上讲，主机主要包括中央处理器（CPU）和内存储器。

（1）中央处理器

中央处理器是微机的大脑，由运算器和控制器组成。它一方面进行各种信息的处理工作，同时负责指挥整个系统的运行。因此，CPU 的性能好坏从根本上决定了微机系统的性能。

（2）内存储器

存储器在计算机中起着存储各种信息的作用，分为内存储器和外存储器两个部分，每个部分各有自己的特点。内存储器是直接与 CPU 相联系的存储器，一切要执行的程序和数据一般都要先装入内存储器。内存储器由半导体大规模集成电路芯片组成，其特点是存取速度快，但是容量有限，所存储的信息在断电后自动消失，不能长期保存数据。

2）外围设备

微机中除了主机以外的所有设备都属于外围设备。外围设备的作用是辅助主机的工作，为主机提供足够大的外部存储空间，提供与主机进行信息交换的各种手段。外围设备作为微机系统的重要组成部分，必不可少。微机系统最常见的外围设备如下：

（1）外存储器

外存储器在微机系统中通常是作为后备存储器使用，用于扩充内存储器的容量和存储当前暂时不用的信息。外存储器的特点是容量大，信息可以长期保存，信息的交换十分容易，但其速度较慢。目前微机所使用的外存储器主要有硬盘、可移动硬盘等。

（2）显示器

显示器的作用是把计算机处理后的结果显示出来，是计算机显示、输出信息的主要设备。常用的显示器有 CRT 显示器、LCD 和 LED，如图 1-7 所示。

（3）键盘

键盘是主要的输入设备，如图 1-8 所示，用于把文字、数字等输入到计算机中，常用的键盘主要有机械键盘和电容式键盘，其中电容式键盘为主流键盘。

图 1-7　常用显示器　　　　　　　　　　　　　　　　图 1-8　键盘

（4）鼠标

鼠标是用户在窗口界面中操作时必不可少的输入设备。鼠标按照接口可以分为 PS/2 接口鼠标（见图 1-9）、USB 接口鼠标（见图 1-10）和无线鼠标（见图 1-11）。

图 1-9　PS/2 接口鼠标　　　　图 1-10　USB 接口鼠标　　　　图 1-11　无线鼠标

（5）音箱

音箱是多媒体计算机中不可缺少的硬件设备，是计算机重要的输出设备之一，通过它可以把计算机中的声音播放出来，如图 1-12 所示。常见的音箱主要有 2.1 声道音箱、5.1 声道音箱和 7.1 声道音箱。

图 1-12　音箱

（6）打印机

打印机是计算机的输出设备之一，用于将计算机处理结果打印在相关介质上。衡量打印机好坏的指标有三项：打印分辨率、打印速度和噪声。打印机的种类很多，按打印元件对纸是否有击打动作可分为击打式打印机与非击打式打印机。按打印机所采用的技术可分为针式、喷墨式、激光等打印机，如图 1-13 所示。

（7）扫描仪

扫描仪是一种计算机外部仪器设备，通过捕获图像并将之转换成计算机可以显示、编辑、存储和输出的数字化输入设备。对照片、文本页面、图纸、美术图画、照相底片，甚至纺织品、标牌面板、印制板样品等三维对象都可作为扫描对象，提取和将原始的线条、图形、文字、照片、平面实物转换成可以编辑及加入文件中的装置，如图 1-14 所示。

（8）摄像头

摄像头是一种视频输入设备，被广泛地运用于视频会议，远程医疗及实时监控等方面。普通用户也可以彼此通过摄像头在网络进行有影像、有声音的交谈和沟通。另外，人们还可以将其用于当前各种流行的数码影像，影音处理，如图 1-15 所示。

图 1-13　打印机

图 1-14　扫描仪

图 1-15　摄像头

（9）手写板

手写绘图输入设备对计算机来说是一种输入设备，最常见的是手写板（也叫手写仪），其作用和键盘类似。当然，基本上只局限于输入文字或者绘画，也带有一些鼠标的功能，如图 1-16 所示。

（10）主机后面的各种连接端口（见图 1-17）

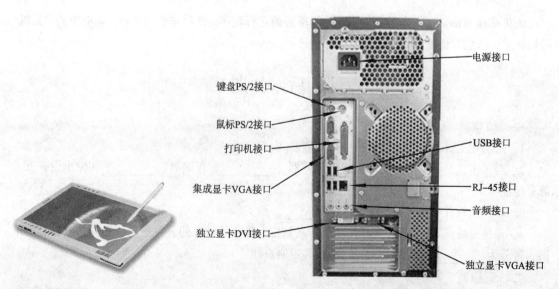
图 1-16　手写板　　　　　　图 1-17　主机后面的各种连接端口

① 连接显示器。显示器通常采用的是 VGA 接头，而主机显卡的输出端口有的是 VGA 模拟信号端口（蓝色），更多的是 DVI 高清数字端口（白色）。

② 连接鼠标、键盘。目前鼠标、键盘的端口主要有 PS/2 接口、USB 接口和无线连接。PS/2 鼠标接口的颜色一般是绿色，PS/2 键盘接口的颜色一般是浅紫色。

③ 连接网线。目前流行的网线接口是 RJ-45 接口。

④ 连接音频设备。现在的声卡一般都集成在主板上，主板后面的音频接口一般有 3 个输出端口。

⑤ 连接电源。各个外围设备连接完毕之后，最后可以连接电源，而装机时应该先装电源。

通过本单元的学习，我们了解了计算机的发展过程，认识了计算机的主要组成部分可以由抽象地认识计算机，逐渐转变成更加真实地认识计算机的各个部件。

小常识

对于一台已经配置好的计算机，它的打开和关闭是非常简单的。虽然操作动作很简单，但如果操作方法不当，有可能会对计算机造成不必要的损坏，因此，我们对计算机的开、关机作一个详细的介绍。首先要记住的是开机顺序，一般来讲开机时要先开外围设备（即主机箱以外的其他部分）后开主机，关机时要先关主机后关外围设备。

我们所说的开机有以下几种情况：

① 第一次开机。这种情况的开机方法为先打开显示器的电源开关，然后再打开主机箱的电源开关。

② 重启计算机。这是指计算机在运行过程中由于某种原因发生"死机"或在运行完某些程序后需要重新启动计算机。重启计算机有 3 种方法：

- 同时按住键盘上的【Ctrl+Alt+Delete】组合键。
- 直接按主机箱上的 Reset 按钮。
- 如果前两种方法都不能采用时，直接按主机箱上的 Power 键先关闭计算机，然后再按 Power 键重新开机。

关机是在 Windows 操作系统下，先关闭所有的运行程序，然后单击"开始"菜单中的"关机"按钮，在弹出的对话框中单击"关闭"按钮即可。

课 后 习 题

一、填空题

1. 从功能上讲，主机主要包括中央处理器和_____。

2. 冯·诺依曼计算机的硬件系统由运算器、_____、存储器、_____和输出设备五大部分组成。

3. 计算机软件系统包括_____和_____两类。

4. 系统总线是 CPU 与其他部件之间传送数据、地址等信息的公共通道。根据传送内容的不同，可分为_____总线、_____总线和控制总线。

二、选择题

1. 下列系统软件中，属于操作系统的软件是（　　）。

A. Windows 7　　　　B. Word 2000　　　　C. PowerPoint　　　　D. WinRAR

2. 下列 4 种存储器中，存取速度最快的是（　　）。

A. 磁带　　　　　B. 软盘　　　　　C. 硬盘　　　　　D. 内存储器

三、操作题

写出图 1–18 中机箱后面板各数字所对应的接口或组件的名称，填入下列对应的表格中。

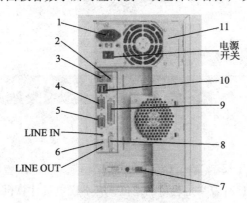

图 1–18　机箱后面板

部件序号	部件或接口名称	部件序号	部件或接口名称
1		7	
2		8	
3		9	
4		10	
5		11	
6			

单元 二

中央处理器（CPU）和散热器

引 言

作为计算机的大脑，CPU 有着举足轻重的地位，它不仅负责计算机系统中的数值运算和逻辑判断等核心工作，同时也负责程序与命令的编译与执行工作。计算机与 CPU 之间的关系就如同人与大脑之间的关系，互相依存。如果计算机失去了 CPU，它就无法正常工作，也就等同于一堆电子垃圾。

由于 CPU 在计算机中的重要地位，所以计算机的运算性能和 CPU 的能力有非常大的关系，可以说 CPU 是评价计算机运行速度的重要指标。若想自己组装计算机，就要了解 CPU 的相关知识。

学习目标

本单元主要介绍 CPU 的工作原理、性能参数、物理构造等相关知识。通过对本单元的学习，应该掌握以下几点：

- 了解 CPU 的工作原理
- CPU 的基本构造及安装方法
- CPU 的性能参数
- CPU 的鉴别方法与选购
- 了解 CPU 散热器与选购方法

任务二　认识 CPU

任务描述

或许很多人都遇到过这样的问题：购买计算机时，商家介绍说，这款计算机是双核处理器，主频是 2.3 GHz。当时可能感觉这款计算机的配置还算不错，于是就兴冲冲地买了下来，可是回到家打开计算机用了一段时间后，发现并没有想象中的好，反应速度很慢，这是为什么呢？

任务分析

经过分析，发现引起问题的最大原因可能计算机的真实配置与商家所说的不符，也就是说，实际上计算机的配置可能要比商家介绍的差了很多，CPU 也是快要淘汰的产品系列。

任务实施

我们应该如何避免上述的问题呢？其实方法很简单，在商家介绍计算机时，打开所选中的那款计算机，在桌面上右击"我的电脑"图标，在弹出的快捷菜单中选择"属性"命令，在弹出的图 2-1 所示的对话框中，就可以看到计算机的配置信息了。

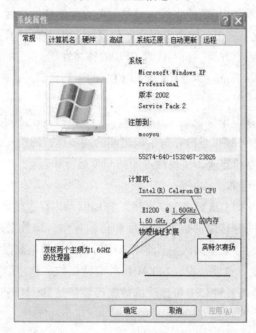

图 2-1 "系统属性"对话框

相关知识

1. CPU 的简介

CPU 的英文全称是 Central Processing Unit，即中央处理器，又称微处理器（Micro Processor Unit），它是 20 世纪人类最伟大的发明之一。作为计算机的核心部分，它不仅是不可缺少的元件，而且决定着计算机系统整体性能的高低。作为整个微机系统的核心，CPU 往往是各种档次微机的代名词，CPU 的性能大致上反映出它所配置的那台计算机的性能。

CPU 由控制器和运算器组成，无论什么型号的 CPU，其内部结构归纳起来可以分为控制单元、逻辑运算单元和存储单元三大部分，这三大部分相互协调，可以进行分析、判断、运算并控制计算机各部分协调工作。从简单的加、减、乘、除到极为复杂的 3D 模型渲染，都需要在 CPU 中完成。因此 CPU 的处理速度经常会被认为是计算机性能的指标。而从 CPU 的发展历史来看，CPU 技术的突破，经常代表着计算机时代的演化历程。CPU 从最初发展至今，按照其处理信息的字长，可以分为 4 位、8 位、16 位、32 位及 64 位几种。

CPU 的工作原理其实很简单，就像一个工厂对产品的加工过程：进入工厂的原料（指令），经过物资分配部门（控制单元）的调度分配，被送往生产线（逻辑运算单元），生产出成品（处理后的数据）后，再存储在仓库（存储器）中，最后拿到市场上去销售（交由应用程序使用）。

（1）主频

主频又称时钟频率，简单地说也就是 CPU 的工作频率，单位是 MHz 或 GHz，用来表示 CPU 的运算速度。很多人以为 CPU 的主频指的是 CPU 运行的速度，实际上这个认识是很片面的。CPU 的主频表示在 CPU 内数字脉冲信号振荡的速度，与 CPU 实际的运算能力没有直接关系。当然，主频和实际的运算速度是有关的，但是目前还没有一个确定的公式能够表达两者之间的数值关系，而且 CPU 的运算速度还要看 CPU 的流水线、总线等各方面的性能指标。由于主频并不直接代表运算速度，所以在一定情况下，很可能会出现主频较高的 CPU 实际运算速度较低的现象。因此主频仅仅是 CPU 性能表现的一个方面，而不代表 CPU 的整体性能。

我们通常说的赛扬 2.0、Pentium 4 2.6 都是指 CPU 的主频而言的。

（2）外频

外频是 CPU 的基准频率，单位也是 MHz。外频是 CPU 与主板之间同步运行的速度，而且目前的绝大部分计算机系统中外频也是内存与主板之间的同步运行的速度，在这种方式下，可以理解为 CPU 的外频直接与内存相连通，实现两者间的同步运行状态。

（3）前端总线（FSB）频率

前端总线（FSB）频率（即总线频率）则直接影响 CPU 与内存直接数据交换的速度。由于数据传输最大带宽取决于所有同时传输的数据的宽度和传输频率，即数据带宽 =(总线频率×数据带宽)÷8。外频与前端总线（FSB）频率的区别：前端总线的速度指的是数据传输的速度，外频是 CPU 与主板之间同步运行的速度。也就是说，100 MHz 外频特指数字脉冲信号每秒钟震荡一千万次；而 100 MHz 前端总线指的是每秒钟 CPU 可接受的数据传输量是 100 MHz×64 bit÷(8bit/B)=800 MB/s。

（4）倍频系数

倍频系数是指 CPU 主频与外频之间的相对比例关系。在相同的外频下，倍频越高，CPU 的频率也越高。但实际上，在相同外频的前提下，高倍频的 CPU 本身意义并不大。这是因为 CPU 与系统之间数据传输速度是有限的，一味追求高倍频而得到高主频的 CPU 就会出现明显的"瓶颈"效应——CPU 从系统中得到数据的极限速度不能够满足 CPU 运算的速度。

（5）超频

计算机的超频就是通过人为的方式将 CPU 的工作频率提高，让它们在高于其额定的频率状态下稳定工作。以 Intel Pentium 4 2.4C 的 CPU 为例，它的额定工作频率是 2.4 GHz，如果将工作频率提高到 2.6 GHz，系统仍然可以稳定运行，则此次超频成功。

CPU 超频的主要目的是为了提高 CPU 的工作频率，也就是 CPU 的主频。而 CPU 的主频又是外频和倍频的乘积，即主频 = 外频×倍频。

提升 CPU 的主频可以通过改变 CPU 的倍频或者外频来实现。但如果使用的是 Intel CPU，要尽可能地忽略倍频，因为 Intel CPU 使用了特殊的制造工艺来阻止修改倍频。AMD 的 CPU 可以修改倍频，但修改倍频对 CPU 性能的提升不如外频好。

外频的速度通常与前端总线、内存的速度紧密关联。因此当用户提升了 CPU 外频之后，CPU、系统和内存的性能也同时提升。

（6）工作电压

工作电压指的是 CPU 正常工作所需要的电压。

早期 CPU（386、486）由于工艺落后，它们的工作电压一般为 5 V，发展到奔腾 586 时，已经是 3.5 V/3.3 V/2.8 V 了，随着 CPU 的制造工艺与主频的提高，CPU 的工作电压有逐步下降的趋势，Intel 的 Coppermine 已经采用 1.6 V 的工作电压了。第一，低电压能让笔记本式计算机、平板式计算机的电池续航时间提升；第二，低电压能使 CPU 工作时的温度降低，温度低才能让 CPU 工作在一个非常稳定的状态；第三，低电压能使 CPU 在超频技术方面得到更大的发展。

（7）协处理器

又称数学协处理器，在 486 以前的 CPU 里面，是没有内置协处理器的。

由于协处理器主要的功能是负责浮点运算，因此 386、286、8088 等微机 CPU 的浮点运算性能都相当落后，自从 486 以后，CPU 一般都内置了协处理器，协处理器的功能也不再局限于增强浮点运算。现在 CPU 的浮点单元（协处理器）往往对多媒体指令进行了优化。比如 Intel 的 MMX（多媒体扩展指令集）技术，MMX 是 Intel 公司在 1996 年为增强 Pentium CPU 在音像、图形和通信应用方面而采取的新技术。为 CPU 新增加 57 条 MMX 指令，把处理多媒体的能力提高了 60%左右。

超线程技术可以同时执行多线程，能够让 CPU 发挥更大效率。超线程技术减少了系统资源的浪费，可以把一颗 CPU 模拟成两颗 CPU 使用，在同时间内更有效地利用资源来提高性能。

（8）缓存

L1 Cache（一级缓存）是 CPU 第一层高速缓存，分为数据缓存和指令缓存。内置的 L1 高速缓存的容量和结构对 CPU 的性能影响较大，不过高速缓冲存储器均由静态 RAM 组成，结构较复杂，在 CPU 管芯面积不能太大的情况下，L1 级高速缓存的容量不可能做得太大。一般服务器 CPU 的 L1 缓存的容量通常在 32～256 KB，如图 2-2 所示。

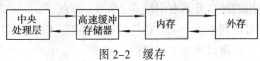

图 2-2 缓存

（9）双核

双核就是 2 个核心，核心又称内核，是 CPU 最重要的组成部分。CPU 中心那块隆起的芯片就是核心，由单晶硅以一定的生产工艺制造出来的，CPU 所有的计算、接受/存储命令、处理数据都由核心执行。各种 CPU 核心都具有固定的逻辑结构，一级缓存、二级缓存、执行单元、指令级单元和总线接口等逻辑单元都会有科学的布局。从双核技术本身来看，双核应该具备两个物理上的运算内核。双核处理器是指在一个处理器上集成两个运算核心。

（10）超线程技术

超线程技术是在一颗 CPU 中实现两个逻辑处理器，能充分利用处理器的资源。虽然采用这技术能同时执行两个线程，但它并不像两个真正的 CPU 那样，每个 CPU 都具有独立的资源。当两个线程都同时需要某一个资源时，其中一个要暂时停止，并让出资源，直到这些资源闲置后才能继续。因此超线程的性能并不等于两颗 CPU 的性能。需要注意的是，含有超线程技术的 CPU 需要芯片组和软件的支持，才能比较理想地发挥该项技术的优势。

（11）64 位技术

64 位技术指的是 CPU 通用寄存器的数据宽度为 64 bit，CPU 在单位时间内能一次处理的二进制数的位数。也就是说处理器一次可以运行 64 bit 数据。使用 64 bit 计算技术的优点是可以进行更大范围的整数运算、可以支持更大的内存。

2．CPU 的结构

（1）基板

CPU 基板就是承载 CPU 内核用的电路板，它负责内核芯片和处界的通信，并决定这一颗芯片的时钟频率。在它上面有电容、电阻以及决定 CPU 时钟频率的电路桥。在基板的背面或者下沿，有用于和主板连接的针脚或者卡式接口。

比较早期的 CPU 基板都是采用陶瓷制成的，而有些 CPU，如 Pentium 4、Celeron 4 以及 Athlon XP，都使用了有机物制造，可以提供更好的电气和散热性能。

（2）填充物

CPU 内核和 CPU 基板之间往往还有填充物，填充物的作用是用来缓解来自散热器的压力以及固定芯片和电路基板，由于它连接着温度有较大差异的两个方面，所以必须保证十分的稳定，其质量的优劣有时直接影响整个 CPU 的质量。

（3）封装

封装是指安装半导体集成电路芯片用的外壳，它不仅起着安放、固定、密封、保护芯片和增加电热性能的作用，而且还是沟通芯片内部与外部电路的桥梁。设计制作好的 CPU 硅片将通过几次严格的测试，若合格就会送至封装厂切割成用于单个 CPU 的硅模并置入到封装中。"封装"不但是给 CPU 穿上外衣，更是它的保护神，否则 CPU 的核心就不能与空气隔离、避免尘埃的侵害。此外，良好的封装设计还能有助于 CPU 芯片散热，并很好地让 CPU 与主板连接。

（4）CPU 的接口

我们知道，CPU 需要通过某个接口与主板连接才能进行工作。CPU 经过这么多年的发展，采用的接口方式有引脚式、卡式、触点式、针脚式等。而目前 CPU 的接口都是针脚式或触点式接口，对应到主板上就有相应的插槽类型。CPU 接口类型不同，在插孔数、体积、形状上都有相应的变化，所以不能互相接插。

CPU 的接口分为 3 种类型：卡式接口、针脚式接口和触点式。

卡式接口称为 Slot，卡式接口的 CPU 必须有相对应的 Slot 插槽；针脚式接口称为 Socket，Socket 接口的 CPU 有数百个针脚，不同型号的 Socket 接口，其针脚数也各不相同，例如，有 478 个针脚的 Socket 478（见图 2-3）、462 个针脚的 Socket 462，以及 423 个针脚的 socket 423 等。这些针脚一一对应插在 CPU 插槽的针孔内，CPU 接口必须和主板上的插槽完全吻合，如 socket 478 接口的 CPU 只能插在具备 Socket 478 插槽的接口上。LGA（land grid array）是 Intel 64 位平台的封装方式，触点阵列封装，用来取代老的 Socket 478 接口，又称 Socket T。例如，LGA 775（见图 2-4）的优点是用触点代替了针脚，使 CPU 不再出现断针的现象，而且使得 CPU 核心和触点间的距离更加接近，提高了 CPU 的速率。其缺点就是功耗大，制作成本高。

图 2-3　Socket 478 接口

图 2-4　LGA 775 接口

3. 鉴别 CPU

市场上零售的 CPU，主要有原厂盒装、假盒装和散装 2 种类型。原厂盒装比散装 CPU 价格高，同频的盒装和散装 CPU 差价大约几十元。

（1）识别 Intel 公司 CPU 的方法

对于 Intel 公司的盒装 CPU，识别方法很简单：首先，盒装产品提供 3 年质保。其次，真盒装 CPU 说明书封套上的字体细致，图像清晰，说明书正面有激光防伪标志，并可拨打 800 免费电话进行查询；假货字体粗糙，没有激光防伪标志，纸张偏大、图像模糊。

正品盒装 CPU 表面上的序列号，与包装盒上的系列号应该是相同的，而且与散热风扇的序列号也应该是相对应的，可以通过拨打免费 8008201100 电话进行验证。

（2）识别 AMD 公司 CPU 的方法

首先看产品贴的防伪标签，真品盒子的标签颜色比较暗，可以很容易看到镭射图案全图，而且用手摸上去有凸凹的感觉。其次真品盒子的封条有点绿色，并且颜色过渡比较自然，用手摸防伪标签旁边会有磨砂的感觉。第三，真盒的条形码做工细腻，序列号完全和盒内 CPU 上的序列号吻合。最后，正品盒装的 CPU 表面上的序列号、产地与包装盒的表面印制的序列号、产地一致，并且风扇也享受 3 年的保修。所以大家在购买时，发现质保标签和处理器表面的 SN 校验码不相同时就可以拒绝购买。

4．利用软件检测

（1）WCPUID

WCPUID 是一款专业级的 CPU 测试软件，可以鉴别 Intel、AMD、VIA 等家族 CPU 的型号级别。执行 WCPUID 命令后，系统会弹出一个窗口，列出当前 CPU 的主要参数，例如类型、核心频率、系统时钟频率、缓存等。但是 WCPUID 也有一定的局限性，它对于那些 Remark 主频的 CPU 无能为力，只能检测出用不同核心冒充的 CPU。为此，可以配合使用 Intel CPU ID Utility 对 CPU 做进一步的检测。

（2）Intel CPU ID Utility

CPUID 是在制造 CPU 时，由厂家置入到 CPU 内部的。由于 CPU 外在的所有标记，都是可以人为改动的，而 CPUID 却是终身不变的，只能用软件读出 ID 号，却无法改变 ID 号。因此，利用这个原理，CPU-Z（见图 2-5）工具可以鉴别出真假 Intel CPU，查看 CPU 的确切信息，包括移动版本、主频、外频、二级缓存等关键信息，从而查出超频的 CPU，并醒目地显示出来。

图 2-5　CPU-Z

在购买 CPU 时，最好带上最新版的 Intel Frequency ID Utility 软件，该软件能识别出 CPU 的型号、系列、缓存、处理器特性等指标。

（3）AMD CPUinfo

AMD CPUinfo 软件是 AMD 公司开发的 CPU 测试软件，主要用于测试所有 AMD CPU 的真实频率。

5. CPU 的选购

伴随着 CPU 技术越来越先进，CPU 的发展速度也越来越迅猛，我们发现单纯的主频高低与 CPU 实际性能的差距越来越远。而另一方面，通过改进 CPU 内部架构、内核设计来提高性能则成为更有效的方法。所以，仅通过主频高低来选购 CPU 的方法就显得片面和落后了。

经过实践发现，在不同的应用环境下对于 CPU 的性能需求是不同的，所以，在进行计算机的选购时必须遵照"适合应用"的原则。特别是在计算机渐渐走向功能化的今天，计算机的实际性能表现则更为重要。

（1）Office 应用

都说办公计算机不需要强大的性能，这种观点已经过时。如果在 Windows XP 下多开几个 IE 窗口，再同时打开 Word、Excel 和 PowerPoint 应用程序，就会有深切的感受。其实正确的理解应该是，办公用户需要强大的 CPU 与内存，至于 3D 显卡和多媒体声卡，则是其次要考虑的。

（2）游戏玩家

3D 游戏有硬件杀手之称，它对各个部件的性能要求都很高，特别是 CPU 的浮点性能与显卡的像素填充率。

（3）多媒体应用

如果消费者是视频制作和网页设计的职业用户，对 CPU 性能要求比较高的话，而且出于很多相关软件都针对 SSE2 进行优化的原因，建议购买高端 Pentium 4 处理器，性能不错。相反，如果资金有限，且只是满足普通图形设计的需要，建议购买 AthlonXP 处理器即可。

（4）图形设计

对于高端 3D 效果有极高要求的用户来说，CPU 的浮点性能至关重要，所以对 CPU 的性能要求比较高，而且要有好的显卡、主板和大容量内在的支持。面对这种类型的朋友，建议购买酷睿 i7 及 AMD 的三核羿龙处理器等。

作为 CPU 的设计、制造厂商之一，AMD 正是基于用户的此种需求而推动名为 TPI——真实性能标准的概念。它是通过对不同型号 CPU 在不同应用环境下性能测试成绩进行评分来说明 CPU 的性能，统计基于同一应用需求下不同 CPU 的性能表现。用户可以参照这一指标选购最符合自己需求的计算机，这就是未来的 CPU 选购新概念之一。

任务三　CPU 散热器的选购与维护

任务描述

计算机在使用了一段时间后，就会听到机箱发出很大的声音，有时在玩大型游戏时会突然自动重启，都是大家日常很容易遇到的现象。

任务分析

机箱发出很大的声响，还有计算机无故重启，无非是因为 CPU 风扇的原因。这就要牵涉两个方面：第一，因为没有对风扇进行适时的维护，导致风扇由于灰尘太多或者缺少润滑油而使转轴摩擦增大，从而发出声响；第二，可能是因为散热器已经无法满足 CPU 的散热，需要更换散热器。

任务实施

要解决以上问题，最好的方法就是更换一个功率相对大一点的 CPU 散热器，但是也要根据 CPU 实际性能参数来选择。在选购 CPU 散热器之前一定要了解该方面的相关知识，以免购买到不合适的散热器。我们可以在太平洋计算机网（http://www.pconline.com.cn）中查询有关 CPU 散热器的相关信息，可以了解到它的最新信息、报价、产品评测等。了解清楚后就可以放心去购买，这样就不会因为对 CPU 散热器知识的匮乏而导致购买到不合适或者伪劣的产品。

相关知识

1．CPU 散热器的技术参数

（1）风扇功率

从理论上来说，如果风扇的功率越大，风扇风力越强劲，散热效果也就越好。目前一般计算机市场上出售的风扇都是直流 12 V 的，功率则从零点几瓦到二点几瓦不等，那么功率的大小就需要根据 CPU 的发热量来选择。但是不要过度的强调大功率，如果功率过大，会对计算机的电源产生额外的负担，导致电压不足、电流过小等现象，也会出现光驱不能读盘的现象。

（2）风扇口径

该性能参数对风扇的出风量也有直接的影响，它表示在允许范围内，风扇的口径越大，该风扇的出风量也就越大，风力效果的作用面也就越大。通常在主机箱内预留位置安装 8 cm×8 cm 的轴流风扇，如果不在标准位置安装则没有这个限制，此时可以选择稍微大一点尺寸的风扇。一般来说，现在的主板都会对其散热器预留一个较大的"活动"空间，以避免对其他电容电阻造成硬伤，在选购主板时请注意这一点问题。

（3）风扇转速

这是衡量风扇能力的重要指标。一般来说，同样尺寸大小的风扇，转速越高，风量也越大，但是另一方面，其噪声也随之增加。所以权衡考虑，转速控制在 4 000 r/min 为宜，否则其噪声肯定会很大。风扇的转速与风扇的功率是密不可分的，转速的大小直接影响到风扇功率的大小。

风扇的转速越高，向 CPU 传送的进风量就越大，CPU 获得的冷却效果就会越好。但是一旦风扇的转速超过它的额定值，那么风扇在长时间超负荷运作之下，本身产生的热量也会增高，而且时间越长产生的热量也就越大。常见的风扇转速一般是 4 000～7 000 r/min，噪声随转速的增加而越发明显。

（4）风扇材料

CPU 发出热量首先传导到散热片，再由风扇带来的冷空气吹拂而把散热片的热量带走，而风扇所能传导的热量快慢是由组成风扇的导热片的材质决定的，因此风扇的材料质量对热量的传导性能具有很大的作用，为此我们在选择风扇时一定要注意风扇导热片的热传导性能是否良好。

（5）风扇噪声

噪声太小通常与风扇的功率有关，功率越大，转速也就越快。现在的风扇为了减轻噪声都投入了一些设计，改变扇叶的角度以便减小与空气接触面，增加扇轴的润滑度以降低转动时产生的噪声，增强稳定以保证风扇在工作时不会乱跑。现在有很多便宜的风扇用的轴承都是油封的，由铜质外套和钢制轴芯组成，长时间工作之后扇轴润滑度不够，风扇噪声增大。

（6）风扇排风量

风量（CFM）即体积流量，是指单位时间内流过的气流体积，这当然是越大越好。一般而言，风扇尺寸变大，转速提高，都会增加其风量。风扇排风量可以说是一个比较综合的指标，可以说排风量是衡量一个风扇性能的最直接因素。如果一个风扇可以达到 5 000 r/min，不过如果扇叶是扁平的话，则不会形成任何气流，所以关系到散热风扇的排风量时，扇叶的角度也是很重要的一个因素。

（7）散热片材料

一般有两个选择：铜或者铝。虽然相比较而言，铜的导热系数比铝的更大，但铜也有很大的缺点：铜材价格昂贵，易氧化，并且难以挤压成形；在加工时，必须采用黏结技术，而该技术目前还不是很成熟和完善，也由此导致其加工难度大，加工成本高的问题。另一方面，与铝比较，铜的热容量更小，也就是说，其本身不能储存更多的热量，这个弱点显示在散热器上，就是当计算机关机，风扇停转后，CPU 内积蓄的热量无法很快被铜质散热片带走，这样便会大大缩短配件的正常使用寿命。

（8）散热器精度

散热片的加工精度也是一个重要的问题。散热片与配件表面结合，要求其接触面积越大越好，加工精度越高越好。在这方面，Intel 和 AMD 对其 CPU 产品配套的散热片平整度都有所要求，必须以颗粒度最小规格的砂带进行打磨，以保证散热效果。

（9）散热片体积

散热片的散热能力和它的底部厚度以及散热面积都有关系，总体来说，底部越厚的，热容量越大，能带走的热量也越多；散热面积越大，即散热片的鳍片数越多，导热速度也越快。另外，还有一个就是散热片的体积，有很多用户买到风扇后，安装时才发现与自己的机箱空间不足不相吻合，因此，大家购买时还要做到自己心中有数。

（10）风扇轴承

风扇的轴承可以称得上是散热器的"心脏"，目前较普遍的是含油轴承、单滚珠轴承和双滚珠轴承。低端产品采用的含油轴承，由多孔性金属材料制造，可吸收涵养润滑油，减轻磨损，此工艺成本低廉，风扇寿命仅在 1 万小时左右。随着落尘和油剂的挥发，会令轴承噪声增大，风扇转速减慢；单滚珠轴承由滚珠轴承和含油轴承组成，此技术工艺成熟，难点在于保证两个轴承共轴，风扇寿命增大到 4 万小时。由于其较好的噪声控制和散热效率，所以此类轴承一直占据散热器市场的绝对优势。此后，双滚珠轴承又将产品寿命提升到 6 万小时。随着滚珠与轴承的磨合，初用时较大的噪声会逐渐降低，显示出其优秀的散热性能。

2．选购散热器

对于选购散热器，特别是对散热要求比较高的 CPU 的散热器，最好选择有较高认知度的品牌，在质量、性能及售后服务上都有保障。除此以外，也可以通过一些简单的方法判别散热器的性能。

例如可以先看看散热器的外观和加工精度，质量低劣者往往做工比较粗糙，尤其是散热片部分，差异相当明显。比如说一款好的散热器，边缘部分没有毛刺，底部与 CPU 接触面平滑、散热阵脚没有歪曲，外观整洁明了。而低劣的散热器外观脏乱，底部磨损非常严重，这些都不是一款优质散热器所应具有的特点。

其次还可以在柜台上通电试听，正常的散热器会有呼呼的风声，但并不刺耳，风扇转动均匀无跳动现象。需要注意的是，现在有许多假货以含油轴承代替滚珠轴承，对此简单的判别方法是：吹动风扇，滚珠轴承风扇转动灵活，用同样力量转的时间长，而且在停下来时会稍稍往反方向转一下；而含油的则明显不一样。另外因为滚珠的摩擦小，所以接电后开始转动，速度就很稳定，而含油的则开始时会显的稍慢一些。此外还可以在风扇正常转动时用手指按住强迫风扇停转，然后放开以检验风扇的重启功能等。

选购散热器还需要看清其说明书中的有关性能参数，包括散热器的适用范围、风量、风压等多个方面。首先要看的是应用范围，应该选择可用范围稍高的散热器为 CPU 散热，留一定的余量。

3. 散热器的安装与维护

安装散热风扇时最好在散热片与 CPU 之间涂敷导热硅脂。导热硅脂的作用并不仅仅是把 CPU 所生产的热量迅速而均匀地传递给散热片。更重要的是，硅脂还可以弥补因散热器底部的不平衡而导致与 CPU 接触后没有热量通过的现象。因为硅脂具有一定的黏性，在固定散热片的金属弹片轻微老化松动的情况下，可以在一定程度上使散热片不至于与 CPU 表面分离，维持散热风扇的效能。硅脂的使用原则是能少则少，在 CPU 表面上滴上一点后用手指抹均匀即可，过多的硅脂会影响热量的扩散，对 CPU 温度不能快速的散去。固定散热风扇用的金属弹片的松紧程度一般可以调节，如果并未使用内核裸露在外的 CPU，则应该用尽可能紧密的方式安装散热风扇，否则有可能因为散热片不能与 CPU 表面充分接触而引起散热效率的降低和振动现象的发生。另外安装时要注意不要用力过猛，以免损坏 CPU 插座附近的元件和电路。

CPU 散热风扇存在吸入灰尘的副作用，较多的灰尘不只阻碍散热片的通风，也会影响风扇的转动，所以散热风扇在使用一段时间以后需要进行清扫。清扫时需要先把散热片和风扇拆开，散热片可以直接用水冲洗，对于风扇以及散热上具有黏性的油性污垢，可用棉签或者镊子夹持布片或少量棉花擦拭干净。如果散热风扇经过半年到一年的正常运转之后噪声异常增大，一般是因为风扇内部润滑油消耗殆尽所致，需要给风扇轴心加注润滑油。CPU 散热风扇对润滑油的种类没有什么要求，常见的润滑油都可使用，但不要使用黏度大的润滑脂，否则风扇会转动不灵。从散热片上卸下风扇，打开底面油封（一般是一片黑色塑料片），便可以看到风扇的轴心，加油时可用镊子或牙签之类具有细小尖端的物品蘸取滴入，油液至轴深度的一半即可，不要太多。加油后马上贴好油封以防润滑油挥发，倒置一段时间，待润滑油渗入轴承内部后，再将其固定到散热片上，风扇就可重新使用了。

🎙 小常识

1. 判断计算机是否超线程

在支持超线程技术的主板上，BIOS 中会出现 CPU Hyper – Threading 的选项（在使用不支持超线程技术的 CPU 时，主板 BIOS 并不会显示该选项），只需将选项设置为 Enable，就可以拥有一个真正支持超线程技术的"高端"平台。

启动 Windows 任务管理器窗口，选择"性能"选项卡，可以看到 CPU 使用记录中有两个 CPU 使用记录窗口，表示成功开启了超线程，如图 2-6 所示。

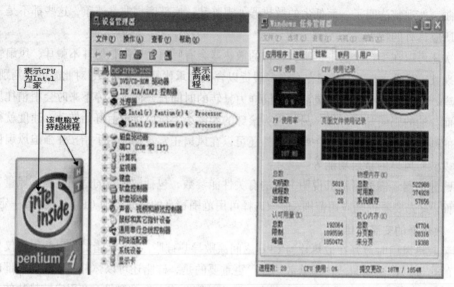

图 2-6　判断计算机是否超线程

2．查看 CPU 的占用率

在 Windows XP 系统中，在"Windows 任务管理器"窗口中即可看到 CPU 的占用率，CPU 占用率最好不要长期停在 100%，会引起温度过高，而使 CPU 附近主板电路和芯片因温度过高起变化，甚至烧坏 CPU，尤其是在夏天，会减短 CPU 及主板的寿命。一般，最好不要在高温天气运行大型软件，避免让 CPU 保持高占用率，要做好散热。

课 后 习 题

一、填空题

1．Pentium（奔腾）处理器是由_____公司推出的。

2．CPU 的外频是 100 MHz，倍频是 17，那么 CPU 的主频是_____GHz。

3．中央处理器 CPU 是微机的大脑，它是由_____和_____组成。

4．目前，CPU 的接口形式主要有两类：分别是_____结构和_____结构。

二、选择题

1．CPU 制造工艺是指在硅材料上生产 CPU 时内部各元器件的连接线宽度，它的单位用（　　　）表示。

　　A．cm　　　　　B．m　　　　　C．mm　　　　　　D．μm

2．执行应用程序时，能和 CPU 直接交换信息的部件是（　　　）。

　　A．软盘　　　B．硬盘　　　C．内存　　　　　D．光盘

三、操作题

仔细观察生产厂家 CPU 产品上的编号标识（见图 2-7），识别出各项参数值的含义，填入下列对应的表格中。

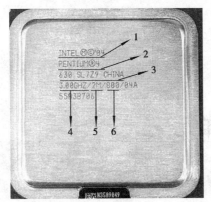

图 2-7　CPU 编号

序　号	含　义	序　号	含　义
1		4	
2		5	
3		6	

单元 三
主　板

引　言

主机板简称主板，计算机中，主板是其中各个部件工作的一个平台，它把计算机的各个部件紧密连接在一起，各个部件通过主板进行数据传输。也就是说，计算机中重要的"交通枢纽"都在主板上，它工作的稳定性影响着整机工作的稳定性。

学习目标

本单元主要讲解主板的基础知识，了解主板的结构、性能参数，可以对主板有一个清晰的认识，并熟悉各种接口的名称及作用。通过本单元的学习，应该掌握以下几点：

- 认识主板
- 主板的分类
- 主板的构成
- 主板的选购策略

任务四　了解主板的基础知识

任务描述

今天上午兴致冲冲的打开计算机，想玩一下赛车游戏，但是按下开机键，没反应？哦，原来是没开显示器。开了显示器，还是无信号，于是把主机后盖打开，一看，主板上的电容器周围有一些小范围的不明液体，这是怎么回事？

任务分析

于是，在同学家借来一台笔记本式计算机，打开浏览器上百度查看解决方法，原来是电容器漏液，也就是电容器坏了，要更换，但是一想，一个小小的电容器坏掉就影响整个计算机的使用，必须了解整个主板的各项性能参数，真正了解主板。于是，又上百度搜索了一下，内容真多，没想到一块小主板包含了这么多知识。

任务实施

　　主板是计算机中各个部件工作的一个平台，它把计算机的各个部件紧密连接在一起，各个部件通过主板进行数据传输。主板上有很多插槽和芯片，常见的插槽有 PCI-E 插槽、PCI 插槽、电源插槽、内存插槽、IDE 接口、SATA 接口等几种。常见的有北桥芯片、南桥芯片、BIOS 芯片、I/O 芯片、音频芯片和网络芯片等几种，这些芯片分布在主板上，共同作用来协调主板工作。主板结构如图 3-1 所示。

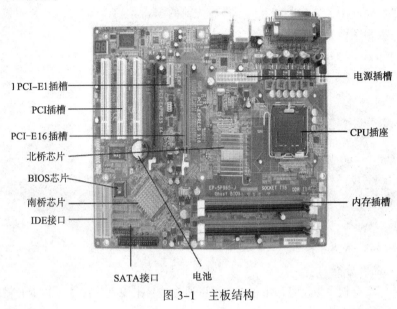

图 3-1　主板结构

相关知识

1. 主板的分类

1）按照主板结构划分

（1）AT 主板

早期的主板差不多都是 AT 主板（见图 3-2），不能自动关机，所以已经被淘汰了。

图 3-2　AT 主板

（2）ATX 主板

ATX 可以实现软关机、软开机等诸多功能，这一标准得到了世界主要主板厂商的支持，目前已经成为最广泛的工业标准（见图 3-3）。

（3）Mini-ITX 主板

Mini-ITX 是由 VIA（威盛电子）定义和推出的一种结构紧凑的微型化的主板设计规范，目前已被各家厂商广泛应用于各种商业和工业应用中。ITX 主板（见图 3-4）是用来设计用于小空间小尺寸的专业计算机的，如用在汽车、置顶盒以及网络设备中的计算机，但 Mini-ITX 主板也可用于制造瘦客户机。Mini-ITX 主板类似并向下兼容先前的 Micro-ATX 和 Flex-ATX 主板，但它有几个使其与先前主板相区别的特点：

① 尺寸：170 mm × 170 mm（6.75 in × 6.75 in）。

② 功率：小于 100 W。

图 3-3　ATX 主板　　　　　　　　　　　　图 3-4　ITX 主板

2）按厂家和品牌分类

主板的生产厂家会把主板型号印主板上，可以通过型号来识别，首先在 PCI-E 槽附近找，如果没有再从 PCI 或内存旁找。

常见的品牌有华硕（ASUS）、技嘉（GIGABYTE）、精英（ECS）、微星（MSI）、升技（ABIT）、磐正（EPOX）、双敏（UNIKA）、映泰（BIOSTAR）、华擎（ASRock）、硕泰克（SOLTEK）、捷波（JETWAY）、钻石（DFI）、英特尔（Intel）、菱钻（Daimondata）、蓝宝石（SAPPHIRE）等。

3）按照功能划分

节能（绿色）功能一般在开机时有能源之星（Energy Star）标志，能在用户不使用主机时自动进入等待和休眠状态，在此期间降低 CPU 及各部件的功耗。

无跳线主板是对 PnP 主板的进一步改进。在这种主板上，连 CPU 的类型、工作电压等都无须用跳线开关，均自动识别，只须用软件略作调整即可。

2. 主板的构成

主板的物理结构一般是矩形电路板，上面安装了组成计算机的主要电路系统，一般有 CPU 插槽、内存插槽、AGP 插槽、PCI 插槽与 PCI-E 插槽、IDE 接口、北桥芯片和南桥芯片、Serial ATA 接口、主板电源接口、CPU 风扇接口和 4 针电源接口、BIOS 芯片和 CMOS 供电电池、机箱前置面板接头、外部 I/O 接口等部件。

1）CPU 插槽

CPU 插槽：目前 CPU 的接口都是针脚式接口和触点式接口，对应到主板上就有相应的插槽类型。CPU 接口类型不同，在插孔数（触点数）、体积、形状都有变化，所以不能互相接插。

英特尔 LGA 1156 接口平台普及不久，接下来我们又要面对接口再次变更的局面，Sandy Bridge 芯片在 2010 年投产，第一批这种芯片在 2011 年年初上市，主要用于台式机和笔记本式计算机。该产品将会采用新的 LGA 1155 接口（见图 3-5），在 computex 2010 上，众多基于 LGA 1155 接口的主板已经亮相，接下来就让我们全面揭开 LGA 1155 的面纱吧。Sandy Bridge 是将取代 Nehalem 的一种新的微架构，将采用 32 nm 芯片加工技术制造。Sandy Bridge 将是第一个拥有高级矢量扩展指令集（Advanced Vector Extensions）微架构"（之前称为 VSSE），其重要性堪比 1999 年 Pentium III 处理器引入的 SSE 指令集。这种新的指令能够以 256 位数据块的方式处理数据，因此数据传输将获得显著提升，从而加快图像、视频和音频等应用程序的浮点计算。从理论上来讲，AVX 指令集的引入使得 CPU 内核浮点运算性能提升到了 2 倍。LGA 1155 和 LGA 1156 两者的 CPU 和脚座定义是不相容的，不能混插。

图 3-5　LGA 1155 插槽

2）内存插槽

DDR2 DIMM 为 240 Pin DIMM 结构，金手指每面有 120 Pin，与 DDR3 DIMM 一样，金手指上也只有一个卡口，但是卡口的位置与 DDR3 DIMM 略有不同，因此 DDR3 内存是插不进 DDR2 DIMM 的，同理 DDR2 内存也插不进 DDR3 DIMM。因此在一些同时具有 DDR2 DIMM 和 DDR3 DIMM 插槽的主板上，如图 3-6 所示，不会出现将内存插错插槽的问题。

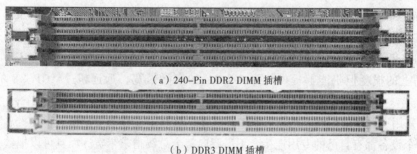

（a）240-Pin DDR2 DIMM 插槽

（b）DDR3 DIMM 插槽

图 3-6　内存插槽

3）AGP 插槽

图形加速端口（Accelerated Graphics Port，AGP）是专供 3D 加速卡（3D 显卡）使用的接口。它直接与主板的北桥芯片相连，且该接口让视频处理器与系统主内存直接相连，避免经过窄带宽的 PCI 总线而形成系统瓶颈，能够增加 3D 图形数据传输速度，并且在显存不足的情况下还可以调用系统主内存，所以它拥有很高的传输速率，这是 PCI 等总线无法与其相比拟的。AGP 接口主要可分为 AGP 1X/2X/Pro/4X/8X 等类型。在 AGP 2X 标准情况下可以提供的数据传输速度为 533 MB/s，在 8X 的情况下可以提供 2.1 GB/s 的传输速度，如图 3-7 所示。

图 3-7　AGP 插槽

4）PCI 插槽与 PCI-E 插槽

PCI（Peripheral Component Interconnect，外围部件互联）总线插槽是由 Intel 公司推出的一种局部总线插槽，用来连接 PCI 设备，现多为声卡、网卡、电视卡、调制解调器等设备提供连接接口。目前台式机主板均采用这种 32 位的 PCI 插槽，现在已有 64 位的 PCI 插槽。它的基本工作频率为 33 MHz，最大传输速率可达 132 MB/s。

PCI Express（简称 PCI-E）是最新的总线和接口标准，它原来的名称为 3GIO，是由英特尔提出的，很明显英特尔的意思是它代表着下一代 I/O 接口标准。交由 PCI-SIG（PCI 特殊兴趣组织）认证发布后才改名为 PCI-Express。这个新标准将全面取代现行的 PCI 和 AGP，最终实现总线标准的统一。它的主要优势就是数据传输速率高，目前最高可达到 10 GB/s，而且还有相当大的发展潜力。PCI Express 也有多种规格，从 PCI Express 1X 到 PCI Express 16X，能满足现在和将来一定时间内出现的低速设备和高速设备的需求。

PCI Express 的接口根据总线位宽不同而有所差异，包括 X1、X4、X8 以及 X16。此外，较短的 PCI-E 卡可以插入较长的 PCI-E 插槽中使用，PCI-E 接口还能够支持热拔插，这也是个不小的飞跃。用于取代 AGP 接口的 PCI-E 接口位宽为 X16，能够提供 5 GB/s 的带宽，即便有编码上的损耗但仍能够提供约为 4 GB/s 的实际带宽，远远超过 AGP 8X 的 2.1 GB/s 的带宽。

PCI-E 采用了目前业内流行的点对点串行连接，比起 PCI 以及更早期的计算机总线的共享并行架构，每个设备都有自己的专用连接，不需要向整个总线请求带宽，而且可以把数据传输率提高到一个很高的频率，达到 PCI 所不能提供的高带宽。相对于传统 PCI 总线在单一时间周期内只能实现单向传输，PCI-E 的双单工连接能提供更高的传输速率和质量，它们之间的差异与半双工和全双工类似，如图 3-8 所示。

图 3-8 PCI 插槽和 PCI-E 插槽

5）IDE 接口

IDE 接口是用来连接硬盘和光驱等设备而设的。如图 3-9 所示，主流的 IDE 接口有 ATA 33/66/100/133，ATA 33 又称 Ultra DMA/33，它是一种由 Intel 公司制订的同步 DMA 协定，传统的 IDE 传输使用数据触发信号的单边来传输数据，而 Ultra DMA 在传输数据时使用数据触发信号的两边，因此具备 33 MB/s 的传输速率。

图 3-9 IDE 接口

ATA 66/100/133 则是在 Ultra DMA/33 的基础上发展起来的，它们的传输速度可分别达到 66 MB/s、100 MB/s 和 133 MB/s，只不过要想达到 66 MB/s 左右的速度除了主板芯片组的支持外，还要使用一根 ATA 66/100 专用 40 针的 80 线的专用 EIDE 排线。

6）北桥芯片和南桥芯片

芯片组（Chipset）是主板的内核组成部分，按照在主板上的排列位置的不同，通常分为北桥芯片和南桥芯片，覆盖着银色散热片的芯片就是北桥芯片，如图 3-10 所示。北桥芯片是主桥，一般和不同的南桥芯片进行搭配使用以实现不同的功能与性能。它决定了所支持的 CPU 类型和主频、内存的类型和最大容量，并对 ISA/PCI/AGP 插槽、ECC 纠错等提供支持，通常在主板上靠近 CPU 插槽的位置。由于此类芯片的发热量一般较高，所以在此芯片上装有散热片。而 Intel 从 815 芯片组时开始就已经放弃了南北桥这种说法，Intel 的 MCH 就相当于北桥芯片。MCH 是内存控制器中心，负责连接 CPU、AGP 总线和内存。

图 3-11 所示为主板上的南桥芯片，它主要用来与 I/O 设备及 ISA 设备相连，并负责管理中断及 DMA 通道，让设备工作得更顺畅，其提供对 KBC（键盘控制器）、RTC（实时时钟控制器）、USB（通用串行总线）、Ultra DMA/33（66）EIDE 数据传输方式和 ACPI（高级能源管理）等的支持，南桥芯片一般在靠近 PCI 插槽的位置。Intel 的 ICH 芯片相当于南桥芯片，ICH 是输入/输出控制器的中心，负责连接 PCI 总线、IDE 设备、I/O 设备等。

图 3-10 北桥芯片

图 3-11 南桥芯片

7）Serial ATA 接口

Serial ATA 即串行 ATA，是一种完全不同于并行 ATA 的新型硬盘接口类型，由于采用串行方式传输数据而知名。相对于并行 ATA 来说，串行 ATA 具有非常多的优势。首先，Serial ATA 以连续串行的方式传送数据，一次只会传送 1 位数据。这样能减少 ATA 接口的针脚数目，使连接电缆的数目变少，效率也就更高。实际上，Serial ATA 仅用 4 个针脚就能完成所有的工作，分别用于连接电缆、连接地线、发送数据和接收数据，同时这样的架构还能降低系统能耗和减小系统复杂性。其次，Serial ATA 的起点更高、发展潜力更大，Serial ATA 1.0 定义的数据传输率可达 150 MB/s，这比目前最新的并行 ATA（即 ATA/133）所能达到的最高数据传输率 133 MB/s 还高，而 Serial ATA 2.0 的数据传输率将达到 300 MB/s，最终 Serial ATA 将实现 600 MB/s 的最高数据传输率。

8）主板电源接口

主板上的各部件要正常工作，就必须提供各种直流电源，而电源的提供是由交流电源经过整流、滤波后，由各路分离电路提供，然后经过相应的插头插入到计算机主板电源插座和各设备电源接口。以前电源是采用 AT 结构的，AT 电源是由 P8 和 P9 两组接口组成，每个接口分别有 6 个针脚，支持+5.0 V、+12 V、–5 V、–12 V 电压。AT 插座应用已久现已淘汰，目前多采用 20 口的 ATX 电源插座，它采用了防插反设计，不会像 AT 电源一样因为插反而烧坏主板。ATX 与 AT 结构电源的区别还在于 ATX 电源在关机后，主板上的其中一路 5 V 电源是不会断开的，除非拔掉电源插头。这样的好处是方便了远程唤醒之类的远程开机操作，通过软件就可以在局域网内部远程启动计算机，另外还增加了 3.3 V 低电压输出。20 插孔的电源接口如图 3–12 所示。

9）CPU 风扇接口和 4 针电源接口

图 3–13 所示为 CPU 风扇接口，它用来为风扇提供电力并支持风扇与主板间的信号传输。通常主板厂商在主板上会安置 CPU 风扇接口、SYSTEM 风扇接口。风扇接口的数量由主板厂家自行决定。

图 3–12　电源接口

图 3–13　CPU 风扇接口和 4 针电源接口

10）BIOS 芯片和 CMOS 供电电池

为了在主板断电期间维持系统 CMOS 内容和主板上系统时钟的运行，主板上特别安装一个电池，电池的寿命一般为 2～3 年。常见的电池有电容电池、纽扣电池和集成块式电池。

BIOS（Basic Input/Output System）基本输入/输出系统是一块装入了启动和自检程序的 EPROM 或 EEPROM 集成块。实际上它是被固化在计算机 ROM（只读存储器）芯片上的一组程序，为计算机提供最低级的、最直接的硬件控制与支持。除此之外，在 BIOS 芯片附近一般还有一块电池组件，它为 BIOS 提供启动时需要的电流。

主板上的 ROM BIOS 芯片是主板上唯一贴有标签的芯片，非常容易识别，一般为双排直插式封装（DIP），上面一般印有 BIOS 字样，另外还有许多 PLCC32 封装的 BIOS。

　　早期的 BIOS 多为可重写 EPROM 芯片，上面的标签起着保护 BIOS 内容的作用，因为紫外线照射会使 EPROM 内容丢失，所以不能随便撕下。现在的 ROM BIOS 多采用 Flash ROM（快闪可擦可编程只读存储器），通过刷新程序，可以对 Flash ROM 进行重写，方便地实现 BIOS 升级。现在流行的 BIOS 芯片和 CMOS 供电电池如图 3-14 所示。

　　CMOS 供电电池的作用非常重要，是主板中的必备部件，CMOS 中记录着主板的硬件信息以及启动信息，如果 CMOS 电池没电，则会丢失硬件设备设置，若采用主板出厂时的默认值，将会导致系统时间显示不正常、端口开启失败以及其他问题。

　　11）机箱前置面板接头

　　图 3-15 所示为机箱前置面板接头，这里是主板用来连接机箱上的电源开关、系统复位、硬盘电源指示灯等排线的地方。一般来说，ATX 结构的机箱上有一个总电源的开关接线（Power SW），它是个两芯的插头，和 Reset 的接头一样，按下时短路，松开时开路，按一下，计算机的总电源就被接通，再按一下则关闭电源。

图 3-14　BIOS 芯片和 CMOS 供电电池　　　图 3-15　机箱前置面板接头

　　而硬盘指示灯的两芯接头，1 线为红色。在主板上，这样的插针通常标着 IDE LED 或 HD LED 的字样，连接时要将红线与第 1 针对应。这条线接好后，当计算机在读写硬盘时，机箱上的硬盘灯会亮。电源指示灯一般为两芯或三芯插头，使用 1、3 位，1 线通常为绿色。

　　在主板上，插针通常标记为 POWER LED，连接时注意绿色线对应于第 1 针（+）。当它连接好后，计算机一打开，电源灯就一直亮着，表示指示电源已经打开。而复位接头（Reset）要接到主板的 RESET 插针上。主板上 RESET 针的作用是：当它们短路时，计算机就重新启动。而 PC 喇叭通常为四芯插头，但实际上只用 1、4 两根线，1 线通常为红色，接在主板 SPEAKER 插针上。

　　12）外部 I/O 接口

　　主板上的外部 I/O 接口通常用于连接位于主机外部的周边设备，如键盘、鼠标、USB 设备、打印机、游戏手柄和音箱等，如图 3-16 所示。

　　（1）音频接口

　　音频接口用于连接音箱和耳机、麦克风，如图 3-16 所示。它符合 PC99 颜色规格，采用彩色接口，非常容易辨别，蓝色接口为 Speaker 接口，红色接口为 MIC 接口，而绿色接口为 LINE-IN 音频输入接口。

　　（2）板载网卡接口和 USB 接口

　　图 3-17 所示为主板集成网卡的接口和 USB 接口。网卡下面是通用的 USB 接口。目前 USB 接

口标准有两个，分别为 USB 2.0 和 USB 3.0，它们之间最显著的区别是数据传输速率的不同，USB 3.0 理论上速度能达到 4Gbit/s，约为 USB 2.0 的数据传输速度的 10 倍，而 USB 2.0 是 USB 主流设备的规范，理论上来说，能达到 480 Mbit/s 的数据传输率。USB 设备接口是向下兼容的，这样，支持 USB 3.0 设备的 USB 接口同样也可以支持 USB 2.0 设备。

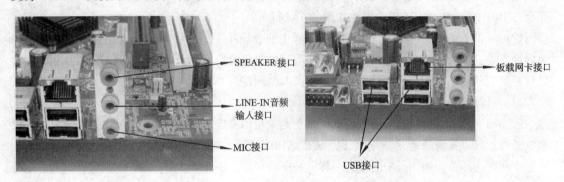

图 3-16　音频接口　　　　　　　　　　　图 3-17　板载网卡接口和 USB 接口

（3）串行、并行通信接口

图 3-18 所示中有 3 个接口，其中红色长度较长的接口为并行接口，另外两个为 COM 串口。并行接口就是平常所说的打印口，通常用来连接打印机，还可以接调制解调器、扫描仪等设备。一块主板一般带有两个 COM 串行接口，通常用于连接鼠标及通信设备（如连接外置式调制解调器进行数据通信）等。

（4）键盘和鼠标接口

符合 PC99 规范的主板中还有 PS/2 鼠标和键盘接口，蓝色为 PS/2 键盘接口，绿色为 PS/2 鼠标接口。虽然目前有些主板取消了这种 PS/2 接口，而统一采用 USB 接口作为键盘和鼠标接口，但出于兼容性的考虑，绝大多数主板还是保留了 PS/2 鼠标和键盘接口，如图 3-19 所示。

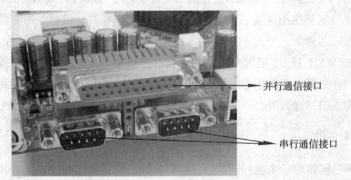

图 3-18　串行、并行通信接口　　　　　　图 3-19　PS/2 接口和 USB 接口

3．主板中的新技术

（1）完美的硬件监控技术

新主板的硬件监控功能更加趋于完善，除具有电源电压、风扇转速、CPU 温度、环境温度等安全监控功能以外，还增加了很多监控功能，如 CMOS 电池电压不足是主板的常见故障，有些主板中提供了 CMOS 电池电压检测功能，当 CMOS 电池电压不足时提示用户更换电池。

（2）Touch Bios 技术

2011 年 05 月 24 日，技嘉在其相应产品中加入了最新研发的 Touch BIOS 技术，功能更多，操作更加简便的 EFI BIOS 终于在 Intel 6 系列芯片组时代得到了普及。而技嘉日前在官方博客上宣布，即将更进一步，为 EFI BIOS 引入触摸操作支持。

这项新技术被直观的命名为 Touch BIOS，在拥有触摸屏的系统中，用户可以直接用手指在屏幕上操作 BIOS 的各种选项，也支持图标拖放等类似触摸智能手机的操作方式。如果你没有触摸屏，一样可以使用鼠标操作。

（3）多显卡技术

多显卡技术简单的说就是让两块或者多块显卡协同工作，是指芯片组支持能提高系统图形处理能力或者满足某些特殊需求的多显卡并行技术。要实现多显卡技术一般来说需要主板芯片组、显示芯片以及驱动程序三者的支持。

多显卡技术的出现，是为了有效解决日益增长的图形处理需求和现有显示芯片图形处理能力不足的矛盾。多显卡技术由来已久，在 PC 领域，早在 3DFX 时代，以 Voodoo2 为代表的 SLI 技术就已经让人们第一次感受到了 3D 游戏的魅力；而在高端的专业领域，也早有厂商开发出了几十甚至上百个显示核心共同工作的系统，用于军用模拟等领域。

目前，多显卡技术主要是两大显示芯片厂商 nVIDIA 的 SLI 技术和 AMD 的 Crossfire 技术，另外还有主板芯片组厂商 VIA 的 DualGFX Express 技术和 ULI 的 TGI 技术。

（4）eBLU 技术

相对于传统的更新主板 BIOS 的方法，全新的 eBLU 提供了一种快速简便的更新 BIOS 的方法，可以保证用户的主板 BIOS 保持最新，只需几个简单的步骤——"联网，检查新 BIOS，更新 BIOS"，即可更新主板 BIOS。eBLU 不仅为用户节省了大量宝贵的时间，最重要的是，eBLU 是最安全的更新主板 BIOS 的方式，并避免系统崩溃的风险。

（5）eDLU 技术

相对于传统的更新主板驱动程序，eDLU 为用户提供了最简单的更新所有主板最新驱动程序的方法，比如主板芯片组、显示驱动、音频驱动、网卡驱动等。这一切对于一个初学者来说未免有些复杂，即使一个 DIY 玩家也不会很清楚一枚网络或者音频芯片的具体型号，而 eDLU 可自动检测 BIOS 和操作系统版本，并为用户列出可能获得最好性能的驱动。

4．主板的性能指标

（1）主板北桥芯片组

北桥芯片是主板最重要的性能规格指标，决定主板的整体档次。北桥芯片的规格越高，相应主板的规格越高。如我们平时说的 945\965\P35\P45 主板等，其实说的都是相应北桥芯片的规格的主板。北桥芯片决定了主板能支持哪种规格的 CPU、有多高的前端总线、最高支持哪种规格内存频率及容量等影响机器性能的关键参数。

（2）主板做工

主板的做工主要看主板的电容规格、供电相数、电感品质、散热方案规格、细部焊接做工等。电容规格主要分液态和固态电容，其中固态电容的品质更为稳定；供电相数越高，对整体平台的稳定性越有利，电感品质分普通电感和封闭电感，其中封闭电感的品质较普通电感更佳；散热方案是针对主板表面的北桥、南桥芯片以及主板供电模块的散热，一般常规的散热方案是在主板的北桥和南桥以及供电部分贴上铝质或纯铜散热片，而现在一些规格较高的主板则运用了先进的一体化热管/散热鳍片技术，使主板整体散热水平得到了很大的提高。

（3）主板品牌

目前国内市场主板品牌主要有华硕、技嘉、微星、映泰、磐正、富士康、升技、捷波、昂达、七彩虹、精英、斯巴达克、顶星、梅捷、华擎、冠盟。主板品牌一定程度地影响了其价格。

5．选购原则

（1）主板芯片组

主板芯片组决定主板的整体性能，与其为了节约几十块钱而购买了所采用的功能、技术都已经落伍的芯片组主板，还不如直接选购那些技术相对超前的主流芯片组主板。

（2）主板的可扩展性

随着整合技术的不断提高，板载的设备越来越齐全，因此，PCI 插槽数量的多寡，已经成了一个不值得重点考虑的购买因素。拥有过多的扩展槽，不但不能得到充分的利用，反而会增加成本，无形中也是一种浪费。

（3）主板的显示部分

一般的整合型主板所使用的显示芯片都整合在北桥芯片中，通过调用系统主内存来获得显示所需的缓存。虽然降低了系统成本，但在一定程度上不可避免地造成了整个系统的性能下降，因此，最好选择拥有独立板载显存的主板。

（4）主板的做工

主板的做工是否精细也是一个很重要的方面。知名品牌的主板在稳定性与兼容性方面通常都做得较好，问题往往出在一些杂牌主板上。这类主板采用了相同的芯片组，但是价格比名牌主板便宜很多。究其廉价的原因：一是做工，杂牌主板做工粗糙，在元件组装焊接方面，板基通常只采用两层板或三层板，而品牌主板则采用了四层或六层 PCB 板，做工非常精细；二是产品的检测手段和售后服务，一般杂牌主板都没有经过严格的检测就出厂了，售后服务也无法得到保障。而品牌主板则在全国各地都会设立专门的售后服务机构确保产品即使出了故障也能得到及时的更换或维修。

小常识

1．查看计算机主板型号

开机后，选择"开始"→"运行"命令，在弹出的对话框中输入 dxdiag，然后按【Enter】键，会显示当前日期、计算机名、操作系统、语言、制造商、系统型号、BIOS、内存等等相关参数。那么这里面的系统型号就是主板的型号。

2．一线、二线和三线主板品牌的区分

一线品牌：主要特点就是研发能力强，推出新品速度快，产品线齐全，真正的尖端产品，技术非常过硬。

二线品牌：拥有自己的工厂和研发能力，高端产品，不逊于一线品牌。

三线品牌：拥有生产能力但设计能力不强，多依靠仿制，大部分依靠其他企业代工生产，品质极不稳定。

课 后 习 题

一、填空题

1. USB 2.0 是主流的 USB 设备规范，理论上来说，能达到_____Mbit/s 的数据传输速率。

2. _____决定了计算机可以支持的内存数量、种类、引脚数目。

二、选择题

1. 下列（　　）不属于北桥芯片管理的范围之列。

    A. 处理器　　　　　B. 内存　　　　　C. AGP 接口　　　　D. IDE 接口

2. ATX 主板电源接口插座为双排（　　）。

    A. 20 针　　　　　B. 12 针　　　　　C. 18 针　　　　　D. 25 针

3. 评定主板的性能首先要看（　　）。

    A. CPU　　　　　B. 主芯片组　　　　C. 主板结构　　　　D. 内存

三、操作题

仔细观察图 3-20，将相对应的部件名称填入下列对应的表格中。

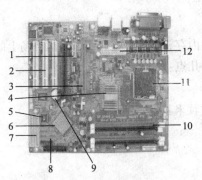

图 3-20　主板

序　号	名　称	序　号	名　称
1		7	
2		8	
3		9	
4		10	
5		11	
6		12	

单元 四
内 存

在计算机的组成结构中，有一个很重要的部分，就是存储器。存储器是用来存储程序和数据的部件，对于计算机来说，有了存储器，才有记忆功能，才能保证正常工作。存储器的种类很多，按其用途可分为主存储器和辅助存储器，主存储器又称内存储器（简称内存）。

学习目标

本单元首先介绍了什么是内存，然后分类介绍了当前市场上的主流内存类型及技术参数等。学习本单元后，应当掌握以下几点：

- 认识内存
- 内存的双通道、三通道技术技术
- 内存性能参数
- 主流内存产品介绍
- 内存选购

任务五　认识内存及其相关知识

任务描述

学生购买计算机是为了更好地学习知识以及充实自己的大学生活。玩游戏可以让自己得到休息，缓解一下学习带来的压力，估计很大一部分学生的计算机中或多或少都装了几种网络游戏或者大型单机游戏，大多都会出现以下问题：在玩游戏的过程中，突然提示内存不足，然后游戏就自动关闭了；还有就是在运行某个程序时计算机会很卡，要等上一段时间才会反应过来，是什么原因引起这些问题的呢？

任务分析

上述问题是非常常见的，经过分析，引起以上问题的原因可能是因为内存不足。内存作为计算机必不可少的硬件之一，它的作用是毋庸置疑的。计算机的性能好坏与内存有直接的联系，一台好的计算机需要配备合适容量的内存条，这样才能充分发挥出计算机的性能。要解决问题只需要更换一根容量相对较大的内存条，如果插槽允许，加一根同一型号同一类型的内存条，问题就可迎刃而解。

任务实施

更换内存虽然简单，但前提是必须了解它的基本知识。内存一定要跟主板兼容，要不然即使插上去了，也无法使用。而且在购买的过程中一定要选择合适容量大小的内存条，不能太大，也不能太小；太大了可能主板无法识别，若太小了又发挥不出计算机的性能。我们可以登录太平洋计算机网（http://www.pconline.com.cn），进入硬件频道，查询内存条的最新资讯，最新报价，为购买做好充分的准备，从而购买合适的内存条。

相关知识

1. 认识内存及其作用

内存是计算机中重要的部件之一，是与 CPU 进行沟通的桥梁。计算机中所有程序的运行都是在内存中进行的，因此内存的性能对计算机的影响非常大。内存（Memory）也被称为内存储器，其作用是用于暂时存放 CPU 中的运算数据，以及与硬盘等外部存储器交换的数据。只要计算机在运行中，CPU 就会把需要运算的数据调到内存中进行运算，当运算完成后 CPU 再将结果传送出来，内存的运行也决定了计算机的稳定运行。内存是由内存芯片、电路板、金手指等部分组成的。

内存是计算机中最重要的配置之一，内存条的容量及性能是影响整台计算机性能最重要的因素之一。

在计算机系统中，存储器是其中一个重要的组成部分，按其用途可分为主存储器（Main Memory，主存）和辅助存储器（Auxiliary Memory，辅存），主存储器又称内存储器（内存），辅助存储器又称外存储器（外存）。外存通常是磁性介质或光盘，能长期保存信息，并且不依赖于电来保存信息。

内存的物理实质是一组或多组具备数据输入/输出和数据存储功能的集成电路，作用是计算机系统存放数据与指令的半导体存储单元。内存按存储信息的功能可分为只读存储器（Read Only Memory）、可改写的只读存储器 EPROM（Erasable Programmable ROM）和随机存储器 RAM（Random Access Memory）。ROM 中的信息只能被读出，而不能被操作者修改或删除，故一般用于存放固定的程序，如监控程序、汇编程序等，以及存放各种表格。EPROM 和一般 ROM 的不同点在于它可以用特殊的装置擦除和重写它的内容，一般用于软件的开发过程。RAM 就是我们平常所说的内存，主要用来存放各种现场的输入/输出数据，中间计算结果，以及与外部存储器交换信息和作堆栈用。它的存储单元根据具体需要可以读出，也可以写入或改写。由于 RAM 由电子器件组成，所以只能用于暂时存放程序和数据，一旦关闭电源或发生断电，其中的数据就会丢失。另外，内存还应用于显卡、声卡及 CMOS 等设备中，用于充当设备缓存或保存固定的程序及数据。

2. 内存的结构图剖析

内存条是连接 CPU 和其他设备的通道，起到缓冲和数据交换的作用。内存也叫主存，是 PC 系统存放数据与指令的半导体存储器单元，也叫主存储器（Main Memory），通常分为只读存储器（ROM-Read Only Memory）、随机存储器（RAM-Red Access Memory）和高速缓存存储器（Cache）。我们平常所指的内存条其实就是 RAM，其主要的作用是存放各种输入/输出数据和中间计算结果，以及与外部存储器交换信息时做缓冲之用。

（1）PCB 板

内存条的 PCB 板，是个基板，上面没有任何芯片（见图 4-1），多数都是绿色的。如今的电路板设计都很精密，所以都采用了多层设计，例如 4 层或 6 层等，所以 PCB 板实际上是分层的，其内部也有金属的布线。理论上 6 层 PCB 板比 4 层 PCB 板的电气性能要好，性能也较稳定，所以名牌内存多采用 6 层 PCB 板制造。因为 PCB 板制造严密，所以从肉眼上较难分辩 PCB 板是 4 层或 6 层，只能借助一些印在 PCB 板上的符号或标识来断定。

图 4-1　PCB 板

（2）金手指

黄色的接触点是内存与主板内存槽接触的部分，数据就是靠它们来传输的，通常称为金手指。金手指是铜质导线，使用时间长就可能有氧化的现象，会影响内存的正常工作，易发生无法开机的故障，所以可以隔一年左右时间用橡皮擦清理一下金手指上的氧化物。

（3）内存芯片

内存的芯片（见图 4-2）是内存的灵魂所在，内存的性能、速度、容量都是由内存芯片组成的。

（4）电容、电阻

PCB 板上必不可少的电子元件就是电容和电阻了，这是为了提高电气性能的需要。电容采用贴片式电容，因为内存条的体积

图 4-2　内存芯片

较小，不可能使用直立式电容，但这种贴片式电容性能一点不差，它为提高内存条的稳定性起了很大作用。电阻也是采用贴片式设计，一般好的内存条电阻的分布规划也很整齐合理。

（5）SPD

SPD 是一个八脚的小芯片，它实际上是一个 EEPROM 可擦写存储器，容量有 256 B，可以写入一点信息，信息中可以包括内存的标准工作状态、速度、响应时间等，以协调计算机系统更好的工作。从 PC100 时代开始，PC100 标准中就规定符合 PC100 标准的内存条必须安装 SPD，而且主板也可以从 SPD 中读取到内存的信息，并按 SPD 的规定来使内存获得最佳的工作环境。

（6）标签

内存条上一般贴有一张标签，上面印有厂商名称、容量、内存条类型、生产日期等内容，其中还可能有运行频率、时序、电压和一些厂商的特殊表示。内存条标签是了解内存条性能参数的重要依据，如图 4-3 所示。

3．内存的种类

RAM 一般分为两大类型：SRAM（静态随机存储器）和 DRAM（动

图 4-3　芯片标志

态随机存储器）。SRAM 的读取速度相当快，它访问数据的周期约为 1 030 ns，由于它的造价高昂，主要用作计算机中的高速缓冲存储器（Cache），多见于 Pentium 时代的主板上。这种缓存的逻辑位置介于 CPU 和 DRAM 之间，使用它可以大大减少 CPU 的等待时间，并提高系统性能。因此，这种

缓存又称二级缓存（L2 Cache）。随着 Intel 和 AMD 将 L2 Cache 集成到 CPU 中，目前 SRAM 在主板上几乎已经找不到踪影。DRAM 虽然读取速度较慢，但它的造价低廉，集成度高，宜于作为系统所需的大容量"主存"，所以 DRAM 主要制造成计算机中的内存条——这种不可缺少的硬件。目前，市面上主要有使用 DRAM 芯片制成 DDR SDRAM、DDRII SDRAM 内存条和 RAMBUS 内存条。

（1）DDR

DDR（Double Data Rate，双倍速率同步动态随机存储器）是在 SDRAM 内存的基础上发展而来的。SDRAM 在时钟的上升期进行数据传输，在一个时钟周期内只传输一次数据；而 DDR 内存则是在时钟的上升期和下降期各传输一次数据，因此被称为双倍速率同步动态随机存储器。DDR 采用的是 2.5 V 电压、184 pin 的 DIMM 接口，其规格有 DDR266、DDR333、DDR400 等，但目前 DDR 内存已经基本淡出市场。

（2）DDR2

DDR2（Double Data Rate 2）SDRAM 是由 JEDEC（电子设备工程联合委员会）进行开发的新生代内存技术指标，它在技术上与 DDR 内存最大的不同在于，DDR2 的预读位数为 4 bit，两倍于 DDR 的预读取能力。DDR2 采用的是 1.8 V 的电压、240 Pin 的 DIMM 接口，其规格有 DDR533、DDR667 和 DDR800 等，高端则有 1 000 MHz 等。

（3）DDR3

DDR3 是一种最新的内存技术标准。DDR3 是为了进一步提升内存带宽而产生的内存规格，它与 DDR2 的基础架构并没有本质的不同。DDR3 内存的起跑频率为 1 066 MHz，以 DDR32 000 MHz 为例，其带宽可达 16 GB/s（双通道则为 32 GB/s）的理论值，可见 DDR3 内存将成为高带宽用户的选择。在生产工艺上，DDR3 内存的工作电压为 1.5 V，而接口采用与 DDR2 相同的 240 Pin 的 DIMM 接口，不过它们之间并不兼容。DDR3 与 DDR2、DDR 内存的比较如图 4-4 所示。

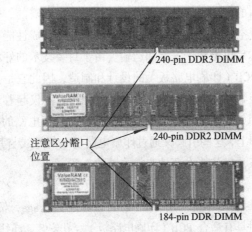

图 4-4　DDR3 与 DDR2、DDR 内存的比较

（4）DDR2 和 DDR3 的比较

目前，DDR2 与 DDR3 是最主流的两种内存规格，其工作频率为 400~1 000 MHz，由于采用双倍数据速率（Double Data Rate）技术，所以 DDR2 内存的有效频率为 533 MHz，最高可达到 1 000MHz，DDR3 内存甚至可达到 2 133 MHz 的频率。除了工作频率外，内存另一个重要的参数就是时序，这也是不同品牌和产品之间的差异。时序表示内存完成一项工作所需要的时间

周期，时间越长，则表示执行效率越低。

图 4-5 所示是目前主流标准 DDR2 与 DDR3 金士顿内存参数对比，通过对比可以发现，在主频方面，DDR3 内存是 1 333 MHz 明显高于 DDR2 的 800 MHz 的主频，另外在时序方面 DDR3 内存也优秀于 DDR2 内存，还有一个方面就是功耗方面，DDR3 的工作电压为 1.5 V，低于 DDR2 的工作电压，也就是说 DDR3 内存速度全面优秀于上一代 DDR2 内存，并且耗电更少。

DDR2 与 DDR3 内存的区别还有很多，比如单条内存 DDR3 可以做成更大容量的内存等，我们主要知道 DDR3 是 DDR2 的升级版本，其性能不管是速度还是功耗都明显优秀于上一代 DDR2 产品。

DDR2内存参数		DDR3内存参数	
基本参数		**基本参数**	
适用类型	台式机	适用类型	台式机
内存容量	2GB	内存容量	2GB
容量描述	单条（2GB）	容量描述	单条（2GB）
内存类型	DDR2	内存类型	DDR3
内存主频	800MHz	内存主频	1333MHz
传输标准	PC2-6400	传输标准	PC3-10600
针脚数	240pin	针脚数	240pin
插槽类型	DIMM	插槽类型	DIMM
技术参数		**技术参数**	
CL延迟	2T-5-5-5-15	颗粒封装	FBGA
内存校验	ECC	CL延迟	9-9-9-24
		内存校验	ECC
其他参数		**其他参数**	
工作电压	1.8V	工作电压	1.5V

图 4-5　DDR2 和 DDR3 的比较

4．内存其他相关知识

1）内存封装技术

拿我们常见的内存来说，我们实际看到的体积和外观并不是真正的内存的大小和面貌，而是内存芯片经过打包即封装后的产品。这种打包对于芯片来说是必需的，也是至关重要的。因为芯片必须与外界隔离，以防止空气中的杂质对芯片电路的腐蚀而造成性能下降或损害。

另一方面，封装后的芯片也更便于安装和运输。由于封装技术的好坏还直接影响到芯片自身性能的发挥和与之连接的 PCB（印刷电路板）的设计和制造，因此它是至关重要的。

封装也可以说是指安装半导体集成电路芯片用的外壳，它不仅起着安放、固定、密封、保护芯片和增强导热性能的作用，而且还是沟通芯片内部世界与外部电路的桥梁——芯片上的接点用导线连接到封装外壳的引脚上，这些引脚又通过印刷电路板上的导线与其他器件建立连接。因此，对于很多集成电路产品而言，封装技术都是非常关键的一环。

（1）DIP 封装

20 世纪 70 年代，芯片封装基本都采用 DIP（Dual ln-line Package，双列直插式封装）封装（见图 4-6），此封装形式在当时具有适合 PCB（印刷电路板）穿孔安装，布线和操作较为方便等特点。但 DIP 封装形式封装效率是很低的，其芯片面积和封装面积之比为 1：1.86，这使封装产品的面积较大，内存条 PCB 板的面积是固定的，封装面积越大在内存上安装芯片的数量就越少，内存条容量也就越小。理想状态下芯片面积和封装面积之比为 1：1 是最好的，但这是无法实现的，除非不进行封装，但随着封装技术的发展，这个比值日益接近，现在已经有了 1：1.14 的内存封装技术。

图 4-6　DIP 封装

（2）TSOP 封装

20 世纪 80 年代，内存第二代的封装技术 TSOP（见图 4-7）出现，得到了业界广泛的认可，时至今日仍旧是内存封装的主流技术。TSOP 是 Thin Small Outline Package 的缩写，意思是薄型小尺寸封装。TSOP 内存是在芯片的周围做出引脚，采用 SMT 技术（表面安装技术）直接附着在 PCB 板的表面。TSOP 封装外形尺寸时，寄生参数（电流大幅度变化时，引起输出电压扰动）减小，适合高频应用，操作比较方便，可靠性也比较高。同时 TSOP 封装具有成品率高、价格便宜等优点，因此得到了极为广泛的应用。

图 4-7　TSOP 封装

TSOP 封装方式中，内存芯片是通过芯片引脚焊接在 PCB 板上的，焊点和 PCB 板的接触面积较小，使得芯片向 PCB 板传热就相对困难。而且 TSOP 封装方式的内存在超过 150 MHz 后，会产品较大的信号干扰和电磁干扰。

（3）BGA 封装

20 世纪 90 年代随着技术的进步，芯片集成度不断提高，I/O 引脚数急剧增加，功耗也随之增大，对集成电路封装的要求也更加严格。为了满足发展的需要，BGA 封装（见图 4-8）开始被应用于生产。BGA 是 Ball Grid Array Package 的缩写，即球栅阵列封装。

采用 BGA 技术封装的内存，可以使内存在体积不变的情况下内存容量提高 2～3 倍，BGA 与 TSOP 相比，具有更小的体积、更好的散热性能和电性能。BGA 封装技术使每平方英寸的存储量有了很大提升，采用 BGA 封装技术的内存产品在相同容量下，体积只有 TSOP 封装的 1/3；另外，与传统 TSOP 封装方式相比，BGA 封装方式有更加快速和有效的散热途径。

图 4-8　BGA 封装

BGA 封装的 I/O 端口以圆形或柱状焊点按阵列形式分布在封装下面，BGA 技术的优点是 I/O 引脚数虽然增加了，但引脚间距并没有减小反而增加了，从而提高了组装成品率；虽然它的功耗增加，但 BGA 能用可控塌陷芯片法焊接，从而可以改善它的电热性能；厚度和重量都较以前的封装技术有所减少；寄生参数减小，信号传输延迟小，使用频率大大提高；组装可用共面焊接，可靠性高。

（4）CSP

CSP（Chip Scale Package）是芯片级封装的意思。CSP 封装最新一代的内存芯片封装技术，其技术性能又有了新的提升。CSP 封装可以让芯片面积与封装面积之比超过 1∶1.14，已经相当接近 1∶1 的理想情况，如图 4-9 所示。

CSP 封装内存芯片的中心引脚形式有效地缩短了信号的传导距离，其衰减随之减少，芯片的抗干扰、抗噪性能也能得到大幅提升，CSP 封装可以从背面散热，且热效率良好，CSP 的热阻为 35℃/W，而 TSOP 热阻为 40℃/W。

（5）WLCSP

WLCSP（Wafer Level Chip Scale Package，晶圆级芯片封装）技术不同于传统的先切割晶圆，再封装测试的做法，而是先在整片晶圆上进行封装和测试，然后再切割。WLCSP 有着更明显的优势。首先是工艺工序大大优化，晶圆直接进入封装工序，而传统工艺在封装之前还要对晶圆进行切割、分类。所有集成电路一次封装，刻印工作直接在晶圆上进行，设备测试一次完成，这在传统工艺中都是不可想象的。其次，生产周期和成本大幅下降，WLCSP 的生产周期已经缩短到 1 天半。而且，新工艺带来了优异的性能，采用 WLCSP 封装技术使芯片所需针脚数减少，提高了集成度。WLCSP 带来的另一优点是电气性能的提升，引脚产生的电磁干扰几乎被消除。采用 WLCSP 封装的内存可以支持到 800 MHz 的频率，最大容量可达 1 GB，如图 4-10 所示。

图 4-9　CSP　　　　　　　　　　　　　图 4-10　WLCSP

2）内存的双通道和三通道技术

双通道内存技术其实是一种内存控制和管理技术，它依赖于芯片组的内存控制器发生作用，在理论上能够使两条同等规格内存所提供的带宽增长一倍。它最早被应用于服务器和工作站系统中，后来为了解决台式机日益窘迫的内存带宽瓶颈问题它又走到了台式机主板技术的前台。

（1）双通道

双通道内存技术能有效地提高内存总带宽，从而适应新的微处理器的数据传输、处理的需要。双通道 DDR 有两个 64 bit 内存控制器，双 64 bit 内存体系所提供的带宽等同于一个 128 bit 内存体系所提供的带宽。

双通道体系包含了两个独立的、具备互补性的智能内存控制器，两个内存控制器都能够并行运作。例如，当控制器 B 准备进行下一次存取内存时，控制器 A 就在读/写主内存，反之亦然。两个内存控制器的这种互补"天性"可以让有效等待时间缩减 50%，因此双通道技术使内存的带宽翻了一番。它的技术核心在于：芯片组（北桥）可以在两个不同的数据通道上分别寻址、读取数据，RAM 可以达到 128 bit 的带宽。

双通道内存主要依靠主板北桥的控制技术，与内存本身无关。因此如果要使用支持双通道内存技术，主板是关键。支持双通道内存技术的主板有 Intel 的 i865 系列以上、SiS 的 SIS655 系列以上、nVIDIA 的 nForce2 系列以上等。Intel 最先推出的支持双通道内存技术的芯片组为 E7205 和 E7500 系列。

双通道内存的安装有一定的要求。主板的内存插槽的颜色和布局一般都有区分。如果是 Intel 的 i865、875 系列主板一般有 4 个 DIMM 插槽，每两根一组，每组颜色一般不一样；每一组代表一个内存通道，只有当两组通道上都同时安装了内存条时，才能使内存工作在双通道模式下。另外要注意对称安装，即第一个通道的第一个插槽搭配第二个通道的第一个插槽，依此类推。用户只要按相同的颜色搭配，对号入座安装即可，这种方式取决于主板的 DIMM 插槽的颜色，有的主板的 DIMM 插槽第一个和第二个插槽颜色相同，在这种情况下，相同颜色的插槽是不能实现双通道的。如果在不同颜色的插槽上安装内存条，那么只能工作在单通道模式。而 nForce2 系列主板同样有两个 64 位的内存控制器，其中 A 控制器只支持一根内存插槽，B 通道则支持两根，A、B

插槽之间有一段距离以方便用户识别，A 通道的内存插槽在颜色上也可能与 B 通道两个内存插槽不同，用户只要将一条内存插入独立的内存插槽而另外一条插到另外两个彼此靠近的内存插槽就能组建成双通道模式，此外，如果全部插满内存，也能建立双通道模式，而且 nForce2 主板组建双通道模式时对内存容量乃至型号都没有严格的要求，使用非常方便。

如果安装方法正确，在主板开机自检时，将会显示内存的工作模式；用户根据屏幕显示（DDR333 Dual Channel Mode Enabled，"激活双通道模式"），确定内存是否已经工作在双通道模式上。

总之，双通道内存控制技术的出现确实令使用 Pentium 4 的机器性能有了一定的提升，双通道技术也是未来计算机发展的趋势。但是也要看具体的应用，如果在 AMD 的 CPU 平台上，使用支持双通道的 DDR 266/200 的内存条，并不会比使用单条的 DDR333 的内存更有效率，因为后者已经能满足外部总线频率的带宽需要；在这类主板上使用双通道对用户来说是一种资源的浪费。另外要注意的是内存条的搭配，Intel 的要求也比其他主板要高，最好使用相同品牌相同型号的内存条，确保稳定性。

（2）双通道的后续技术：三通道

随着 Intel Core i7 平台的发布，三通道内存技术孕育而生。与双通道内存技术类似，三通道内存技术的出现主要是为了提升内存与处理器之间的通信带宽。前端总线频率大多为 800 MHz，因此其前端总线带宽为 800 MHz×64 bit ÷ (8 bit/B)=6.3 GB/s。如系统使用单通道 DDR 400 内存，由于单通道内存位宽只有 64 bit，因此其内存总线带宽只有 400 MHz×64 bit ÷ (8 bit/B)=3.2 GB/s，显然前端总线将有一半的带宽被浪费。三通道内存将内存总线位宽扩大到了 64 bit×3=192 bit，同时采用 1 066 MHz 内存，因此其内存总线带宽达到了 1 066 MHz×192 bit ÷ (8 bit/B)=25 GB/s，内存带宽得到巨大的提升。当内存工作于三通道模式时，由于交叉存储，内存潜伏时间将进一步减小，数据以交替的方式在 3 个内存模组中传送。

三通道技术需要 3 条（或者 3 的倍数）内存，并且每个内存模组的容量和速度均相同，还需要以三通道的方式将内存正确插入主板。如果只插了两个内存模组，只能工作在双通道模式。

3）内存的性能参数

（1）容量

计算机的内存容量通常是指随机存储器（RAM）的容量，是内存条的关键性参数。内存容量以 MB 作为单位。内存的容量一般都是 2 的整次方倍，比如 64 MB、128 MB、256 MB 等，一般而言，内存容量越大越有利于系统的运行。目前台式机中主流采用的内存容量为 1 GB 或 2 GB，512 MB、256 MB 的内存基本已经淘汰了。系统对内存的识别是以 byte（字节）为单位，每个字节由 8 位二进制数组成，即 8 bit（比特，又称位）。

（2）内存的速度

现代计算机是以内存为中心运行的，内存性能的好坏直接影响整个计算机系统的处理能力。平时所说的内存速度是指它的存取速度，一般用存储器存取时间和存储周期来表示。存储器存取时间（Memory Access Time）又称存储器访问时间，是指从启动一次存储器操作到完成该操作所经历的时间。存储周期（Memory Cycle Time）指连续启动两次独立的存储器操作（例如连续两次读操作）所需间隔的最小时间。通常，存储周期略大于存取时间，其差别与主存器的物理实现细节有关。

内存的速度一般用存取时间衡量，即每次与 CPU 间数据处理耗费的时间，以纳秒（ns）为单位。目前大多数 SDRAM 内存芯片的存取时间为 5、6、7、8 或 10 ns。

（3）接口类型

接口类型是根据内存条金手指上导电触片的数量来划分的，金手指上的导电触片又习惯称为针脚数（Pin）。因为不同的内存采用的接口类型各不相同，而每种接口类型所采用的针脚数各不相同。笔记本内存一般采用 144 Pin、200 Pin 接口；台式机内存则基本使用 184 Pin 和 240 Pin 接口。对应于内存所采用的不同的针脚数，内存插槽类型也各不相同。目前台式机系统主要有 DIMM 类型的内存插槽，而笔记本内存插槽则是在 SIMM 和 DIMM 插槽基础上发展而来，基本原理并没有变化，只是在针脚数上略有改变。

（4）金手指

金手指是内存条上与内存插槽之间的连接部件，所有的信号都是通过金手指进行传送的。金手指由众多金黄色的导电触片组成，因其表面镀金而且导电触片排列如手指状，所以称为"金手指"。金手指实际上是在覆铜板上通过特殊工艺再覆上一层金，因为金的抗氧化性极强，而且传导性也很强。不过因为金昂贵的价格，目前较多的内存都采用镀锡来代替，从 20 世纪 90 年代开始锡材料就开始普及，目前主板、内存和显卡等设备的"金手指"几乎采用的都是锡材料，只有部分高性能服务器/工作站的配件接触点才会继续采用镀金的做法，价格自然不菲。

内存处理单元的所有数据流、电子流正是通过金手指与内存插槽的接触与 PC 系统进行交换，是内存的输出/输入端口，因此其制作工艺对于内存连接显得相当重要。

（5）内存插槽

最初的计算机系统通过单独的芯片安装内存，那时内存芯片都采用 DIP 封装，DIP 芯片是通过安装在插在总线插槽里的内存卡与系统连接，此时还没有正式的内存插槽。DIP 芯片有个最大的问题在于安装起来很麻烦，而且随着时间的增加，由于系统温度的反复变化，它会逐渐从插槽里偏移出来。随着每日频繁的计算机启动和关闭，芯片不断被加热和冷却，慢慢地芯片会偏离出插槽。最终导致接触不好，产生内存错误。

早期还有另外一种方法是把内存芯片直接焊接在主板或扩展卡里，这样有效避免了 DIP 芯片偏离的问题，但无法再对内存容量进行扩展，而且如果一个芯片发生损坏，整个系统都将不能使用，只能重新焊接一个芯片或更换包含坏芯片的主板，此种方法付出的代价较大，也极为不方便。

对于内存存储器，大多数现代的系统都已采用单列直插内存模块（Single Inline Memory Module，SIMM）或双列直插内存模块（Dual Inline Memory Module，DIMM）来替代单个内存芯片。早期的 EDO 和 SDRAM 内存，使用过 SIMM 和 DIMM 两种插槽，但从 SDRAM 开始，就以 DIMM 插槽为主，而到了 DDR 和 DDR2 时代，SIMM 插槽已经很少见了。

（6）SIMM（Single Inline Memory Module，单内联内存模块）

内存条通过金手指与主板连接，内存条正反两面都带有金手指。金手指可以在两面提供不同的信号，也可以提供相同的信号。SIMM 就是一种两侧金手指都提供相同信号的内存结构，它多用于早期的 FPM 和 EDD DRAM，最初一次只能传输 8 bit 数据，后来逐渐发展出 16 bit、32 bit 的 SIMM 模组，其中 8 bit 和 16 bitSIMM 使用 30 Pin 接口，32 bit 的则使用 72 Pin 接口。在内存发展进入 SDRAM 时代后，SIMM 逐渐被 DIMM 技术取代。

（7）DIMM（Dual Inline Memory，双内联内存模块）

DIMM 与 SIMM 类似，不同的只是 DIMM 的金手指两端不像 SIMM 那样是互通的，它们各自独立传输信号，因此可以满足更多数据信号的传送需要。同样采用 DIMM，SDRAM 的接口与 DDR 内存的接口也略有不同，SDRAM DIMM 为 168 Pin DIMM 结构，金手指每面为 84 Pin，金手指上有两个卡口，用来避免插入插槽时，错误将内存反向插入而导致烧毁；DDR DIMM 则采用 184 Pin DIMM 结构，金手指每面有 92 Pin，金手指上只有一个卡口。卡口数量的不同，是两者最为明显的区别。

为了满足笔记本式计算机对内存尺寸的要求，开发了 SO-DIMM(Small Outline DIMM Module)，它的尺寸比标准的 DIMM 要小很多，而且引脚数也不相同。同样 SO-DIMM 也根据 SDRAM 和 DDR 内存的规格不同而不同，SDRAM 的 SO-DIMM 只有 144 Pin 引脚，而 DDR 的 SO-DIMM 拥有 200 Pin 引脚。

4）内存的带宽总量

数据位宽指的是内存在一个时钟周期内可以传送的数据长度，其单位为 bit。内存带宽则是指内存的数据传输率，例如 DDR2 667 内存的带宽为 5.3 GB/s。

从功能上理解，我们可以将内存看做是内存控制器（一般位于北桥芯片中）与 CPU 之间的桥梁或与仓库。显然，内存的容量决定仓库的大小，而内存的带宽决定桥梁的宽窄，两者缺一不可，这也就是我们常说的内存容量与内存速度。

内存带宽的计算方法并不复杂，大家可以遵循如下的计算公式：带宽 = 总线宽度 × 总线频率 × 1 个时钟周期内交换的数据包个数。

5）电压

电压是内存正常工作所需要的电压值，不同类型的内存电压也不同，但各自均有自己的规格，超出其规格，容易造成内存损坏。

SDRAM 内存一般工作电压都在 3.3 V 左右，上下浮动额度不超过 0.3 V；DDR SDRAM 内存一般工作电压都在 2.5 V 左右，上下浮动额度不超过 0.2 V；而 DDR2 SDRAM 内存的工作电压一般在 1.8 V 左右。具体到每种品牌、每种型号的内存，则要看厂家了，但都会遵循 SDRAM 内存 3.3 V、DDR SDRAM 内存 2.5 V、DDR2 SDRAM 内存 1.8 V 的基本要求，在允许的范围内浮动。DDR3 内存标准电压是 1.5 V。略微提高内存电压，有利于内存超频，但是同时发热量大大增加，因此有损坏硬件的风险。

6）SPD

SPD 是 Serial Presence Detect 的缩写，即模组存在的串行检测，通过串行接口的 EEPROM 对内存插槽中的模组存在的信息检查。这样的话，模组有关的信息都必须记录在 EEPROM 中。习惯的，我们把这个 EEPROM IC 就称为 SPD 了。SPD 是烧录在 EEPROM 内的代码，以往开机时 BIOS 必须侦测 memory，但有了 SPD 就不必再去作侦测的动作，而由 BIOS 直接读取 SPD 取得内存的相关资料。

SPD 是一组关于内存模组的配置信息，如 P-Bank 数量、电压、位宽、各种主要操作时序（如 CL、tRCD、tRP、tRAS 等）……它们存放在一个容量为 256 B 的 EEPROM（Electrically Erasable Programmable Read Only Memory，电擦除可编程只读存储器）中。

5. 主流内存产品介绍

（1）金士顿

金士顿方面，由于目前除 1333 外，其他频率的内存颗粒的造价都在上升，进一步压缩了厂商的利润空间，因此 KS NB 1333 成为市场的主打，DDR2 方面也只有 NB DDR2 800 有备货，其他规格的产品货源紧缺，或者停产。

作为全球最大的内存制造商，金士顿 2GB DDR3-1333 笔记本内存采用一贯的绿色 PCB 板，走线十分清晰，用料十足。同时，它采用了尔必达原装 DDR3 颗粒，以正反各 8 颗颗粒进行布局，16 颗 128 MB 容量的颗粒共组成 2 GB 容量。这款内存的默认电压为 1.5 V，工作时发热量相当小，是大多数消费者的头号选择。

优点：尔必达原厂芯片，价格适中。

缺点：默认电压有待降低，由于广受欢迎，假货也偏多。

（2）三星

三星笔记本内存的做工是相当优秀的，而且通过芯片的编号知道这款内存采用的是双面共 16 片颗粒组成 2 GB 容量设计。可降低高速运行时内存信号的回授，而提高内存频率的极限值；搭载原厂 64 MB×16 内存芯片，可提供绝佳的电气特性及散热性，大幅提升系统的整体性能。

优点：电气性能绝佳。

缺点：价格偏高。

（3）尔必达内存

尔必达 DDR3-1066 笔记本内存提供了省电功能，所以在笔记本式计算机及其他移动运算应用装置中，它让电池有较长寿命且仍保持较高的性能表现。

尔必达 DDR3-1066 笔记本内存采用 6 层 PCB 基板设计，整体做工严谨，为良好的稳定性、兼容性和高效运行提供了坚实的基础。另外笔记本内存大量采用蛇形布线和 135° 边角处理。

6. 内存的选购

（1）识别内存编号

目前市场上充斥着很多假冒名牌内存，这些内存主要是以低速内存冒充高速度，以低容量内存冒充高容量内存。要杜绝此类假冒内存，就要学会识别内存规格和内存芯片编号。方法一般是看 SPD 芯片中的信息和内存芯片上的编号，前者是内存的技术规范，因此一般用户在柜台购买内存时是看不到的，用户只能依靠内存颗粒上的编号来进行识别。

（2）问题内存简介

目前计算机行业竞争日趋白热化，一些不良商人使用假货和仿品牌货来欺骗消费者购买，以赚取大额利润，内存也不例外。目前市场上常见问题内存的类型包括二手条、垃圾条、白条以及仿品牌条等。

（3）内存的选购技巧

选购内存的一些技巧包括检查 SPD 芯片、检查 PCB 板、检查内存金手指、检查品牌标准、查看类型标准、检查散热片等。

（4）选购小妙招

第一招：内存颗粒最重要。

首先，颗粒本身品质的好坏对内存模组质量的影响几乎是举足轻重的。虽然使用名牌大厂的内存颗粒并不一定代表内存模组就是优秀，但采用不知名品牌的内存颗粒显然不会有出色的表现。目前知名的内存颗粒品牌有 HY（现代）、Samsung（三星）、Winbond（华邦）、Infineon（英飞凌）、Micron（美光）等。然而一些不法商家常常将所谓的 OEM 内存颗粒改换原厂标志冒充"名门闺秀"。

我们通过仔细观察颗粒上原厂标志是否清晰、是否有磨过的痕迹来辨别真伪。

其次，优质的配件也是优秀内存模组得以炼成的不可缺少的一个条件。好的内存颗粒只有配上有分量的嫁妆才可以"潇洒出阁"。优质的 PCB 对于内存颗粒的影响，就类同于稳定可靠的主板相对于 CPU 的作用。

第二招：挑选优质 PCB。

PCB 乃优质内存的根本，我们应当尽量选择更多层数、更厚实的 PCB 电路板。其实 Intel 在很早的规范当中，就规定了内存条必须使用 6 层 PCB 制造，并且对 PCB 材质、层间距、敷铜厚度、线路布局参数等加工工艺都有相应的严格要求。

第二，PCB 板上要有尽量多的贴片电阻和电容，尽量厚实的金手指。大家在选购主板时都会在意贴片电阻和电容的数量多少和焊接工艺，同样优质内存模组在贴片电阻和电容的使用上也是丝毫不能懈怠。

金手指的镀金质量是一个重要的指标，以通常采用的化学沉金工艺，一般金层厚度在 3～5 μm，而优质内存的金层厚度可以达到 6～10 μm。较厚的金层不易磨损，并且可以提高触点的抗氧化能力，使用寿命更长。而最近市场上出现的"宇瞻金牌"内存竟然使用成本更高的电镀技术，使得金手指的金层厚度达到 20 μm。

第三招：品质源于优异的工艺。

焊接质量是内存制造很重要的一个因素。廉价的焊料和不合理的焊接工艺会产生大量的虚焊，在经过一段时间的使用之后，逐渐氧化的虚焊焊点就可能产生随机的故障，并且这种故障较难确认。Kingston（金士顿）、Apacer（宇瞻）、Transcend（创建）等知名第三方内存模组原厂（即本身并不生产内存颗粒，只进行后段封装测试的内存产商）都是采用百万美元级别的高速 SMT 机台，在计算机程序的控制下，高效科学地打造内存模组，可以有效地保持内存模组高品质的一贯性。此外第三方内存模组原厂推出的零售产品，都会有防静电的独立包装，以及完整的售后服务，消费者在选购这些产品时，可以少花一些精力，多一份放心。

小常识

1. 外观识别内存

DDR1：一个缺口、单面 92 针脚、双面 184 针脚、左 52 右 40、内存颗粒长方形。

DDR2：一个缺口、单面 120 针脚、双面 240 针脚、左 64 右 56、内存颗粒正方形、电压 1.8 V。

DDR3：一个缺口、单面 120 针脚、双面 240 针脚、左 72 右 48、内存颗粒正方形、电压 1.5 V。

2. 内存实际容量变小的原因

右击"我的电脑"图标，在弹出的快捷菜单中选择"属性"命令，在弹出的对话框中看到内存由 2 GB 变成 1.48 GB，其原因如下：共享内存容量就是拿一部分内存当显存，集成显卡没有显存，就采取共享内存容量的方法。共享内存容量对于玩游戏影响非常大，集成的显卡效果不好，还会影响视觉特效。显存共享技术多数用在主板集成显卡的主板上，直接使用内存作为显存就是显存共享内存的技术。

课 后 习 题

一、填空题

1. DDR2 内存条的金手指通常是_____ Pin。

2. 对于内存的传输标准来说，PC3200 就相当于_____。

3. DDR3 工作电压_____V。

二、选择题

1. 内存 DDR333 的另一个称呼是（　　）。

    A. PC2100　　　　　　　B. PC2700　　　　　　　C. PC3200　　　　　　　D. PC4000

2. DDR3 内存条的金手指通常是（　　）引脚数。

    A. 168　　　　　　　　　B. 72　　　　　　　　　C. 240　　　　　　　　　D. 184

三、操作题

以下是一个 DDR SDRAM 内存条的结构图（见图 4-11），请将结构图上的序号所代表的名称填入下列表格中。

图 4-11　内存条结构图

序　号	名　称	序　号	名　称
1		6	
2		7	
3		8	
4		9	
5			

单元 五
外存储设备

引 言

计算机的一切数据都存储在外存储设备中，最重要且不可缺少的外存储设备就是硬盘，并且因为操作系统也是存储在硬盘中，所以，如果没有硬盘，计算机也是无法工作的。光盘也属于外存储设备，但它只能读出数据，不能写入数据，是一种只读存取介质。光盘是多媒体数据的重要载体，具有容量大、易保存、携带方便等特点。

学习目标

通过本单元的学习，将了解硬盘和光驱的基础知识，掌握硬盘和光驱的组成结构和性能参数，以及选购硬盘的方法。通过本单元的学习，应掌握以下几点：

- 认识外存储设备
- 硬盘的组成和性能参数
- 硬盘的选购方法
- 光驱的主要参数指标

任务六　认识外存储设备

任务描述

某天打开计算机后，发现在打开、运行文件时，硬盘速度明显变慢；或明显听到硬盘"嗒嗒"响，有时 Windows 还会提示无法读写文件。为什么会这样呢？

任务分析

带着这些问题，上百度查了一下硬盘才知道，硬盘是计算机最主要的外部存储设备，开启计算机就要开启硬盘，从而读取相关数据，硬盘变慢了，或者明显听到硬盘"嗒嗒"响。那么这可能就是硬盘出现坏道了，硬盘坏道会影响硬盘上数据的读写。

任务实施

发现硬盘坏道后要修复或隐藏，以免坏道扩散。磁盘扫描标记坏道，让系统不再向其存入数据。我们可以在 Windows 中选择盘符，从右键快捷菜单中选择"属性"命令，在弹出对话框的"工具"选项卡中对硬盘盘面作完全扫描，并对可能出现的坏簇自动修正。

对有坏道的硬盘分区，在重新格式化时程序会试图修复，有时可以修复成功。但这种方法不是十分奏效，所以往往要结合另一种方法来使用。如果无法修复，可以隐藏坏道，基本思路是找出坏道的大概范围。另一种隐藏坏道的办法是用"坏盘分区器"——Fbdisk，将有坏道的硬盘重新分区，并将坏道设为隐藏分区、好磁道设为可用分区，将坏道分隔可防止坏道扩散。

相关知识

1. 硬盘的结构

1）硬盘内部结构

硬盘内部结构由固定面板、控制电路板、磁头、盘片、主轴、电机、接口及其他附件组成，其中磁头、盘片组件是构成硬盘的核心，它封装在硬盘的净化腔体内，包括有浮动磁头组件、磁头驱动机构、盘片、主轴驱动装置及前置读写控制电路这几个部分。

将硬盘面板揭开后，内部结构即可一目了然，如图 5-1 和图 5-2 所示。

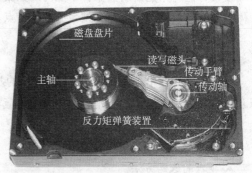

图 5-1　揭开硬盘面板　　　　　　　图 5-2　细看硬盘内部结构

2）硬盘内部结构

（1）磁头组件

磁头组件是硬盘中最精密的部位之一，它由读写磁头、传动手臂、传动轴三部分组成。磁头是硬盘技术中最重要和关键的一环，实际上是集成工艺制成的多个磁头的组合，采用了非接触式磁头，加电后在高速旋转的磁盘表面移动，与盘片之间的间隙只有 0.1～0.3 μm，这样可以获得很好的数据传输率。现在转速为 7 200 r/min 的硬盘盘片之间的间隙一般都低于 0.3 μm，以利于读取较大的高信噪比信号，提供数据传输率的可靠性。

硬盘的工作原理，是利用特定的磁粒子的极性来记录数据。磁头在读取数据时，将磁粒子的不同极性转换成不同的电脉冲信号，再利用数据转换器将这些原始信号变成计算机可以使用的数据，写的操作正好与此相反。从图 5-3 中我们也可以看出，硬盘采用单碟双磁头设计，但该磁头组件却能支持 4 个磁头，注意其中有两个磁头传动手臂没有安装磁头。

（2）磁头驱动机构

磁头驱动机构由电磁线圈电机、磁头驱动小车、防震动装置构成，并能在很短的时间内精确定位系统指令指定的磁道。

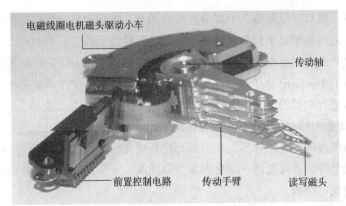

电磁线圈电机磁头驱动小车

传动轴

前置控制电路　传动手臂　读写磁头

图 5-3　硬盘磁头及附属组件

其中电磁线圈电机包含一块永久磁铁，这是磁头驱动机构对传动手臂起作用的关键，如图 5-4 所示，磁铁的吸引力吸住并吊起拆硬盘使用的螺丝刀。老硬盘中没有防震动装置，它的作用是当硬盘受到强烈震动时，对磁头及盘片起到一定的保护使用，以避免磁头将盘片刮伤等情况的发生。这也是为什么旧硬盘的防震能力比现在的新硬盘防震能力差的缘故。

（3）磁盘片

盘片是硬盘存储数据的载体，现在的硬盘盘片大多采用合金材料。另外，IBM 还有一种被称为"玻璃盘片"的材料作为盘片基质，玻璃盘片比普通盘片在运行时具有更好的稳定性。从图 5-5 中可以发现，硬盘盘片是完全平整的，像一面镜子。

图 5-4　磁头驱动机构

图 5-5　硬盘盘片

（4）主轴组件

主轴组件包括主轴部件如轴承和驱动电机等。随着硬盘容量的扩大和速度的提高，主轴电机的速度也在不断提升，有厂商开始采用精密机械工业的液态轴承电机技术。例如希捷公司的酷鱼 ATA IV 就是采用此电机技术，这有利于降低硬盘工作噪声，如图 5-6 所示。

3）硬盘外部结构

平时我们了解硬盘，多是从产品外观、产品特征及磁盘性能等方面去认识，在硬盘外部结构前，还是先了解一些硬盘结构理论知识。总的来说，硬盘主要包括盘片、磁头、盘片主轴、控制电机、磁头控

图 5-6　硬盘主轴组件

制器、数据转换器、接口、缓存等几个部分。所有的盘片都固定在一个旋转轴上，这个轴即盘片主轴。而所有盘片之间是绝对平行的，在每个盘片的存储面上都有一个磁头，磁头与盘片之间的距离比头发丝的直径还小。所有的磁头连在一个磁头控制器上，由磁头控制器负责各个磁头的运动。磁头可沿盘片的半径方向动作，而盘片以每分钟数千转的速度在高速旋转，这样磁头就能对盘片上的指定位置进行数据的读/写操作。硬盘是精密设备，尘埃是其大敌，所以必须完全密封。图 5-7 所示的硬盘是 3.5 in 的普通 IDE 硬盘，属于比较常见的产品，也是用户最经常接触的。在硬盘的正面都贴有硬盘的标签，标签上一般都标注与硬盘相关的信息，例如产品型号、产地、出厂日期、产品序列号等。在硬盘的一端有电源接口插座、主从设置跳线器和数据线接口插座，而硬盘的背面则是控制电路板。

从图 5-8 中可以清楚地看出各部件的位置。总的来说，硬盘外部结构可以分成以下几个部分：

图 5-7　硬盘外部结构

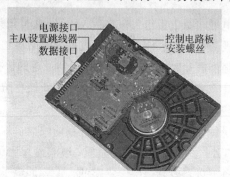

图 5-8　硬盘背面及各部件名称

（1）接口

接口包括电源接口插座和数据接口插座两部分，其中电源插座就是与主机电源相连接，为硬盘正常工作提供电力保证。数据接口插座则是硬盘数据与主板控制芯片之间进行数据传输交换的通道，使用时是用一根数据电缆将其与主板 IDE 接口或其他控制适配器的接口相连接，经常说的 40 针、80 芯的接口电缆就是指数据电缆，数据接口可以分成 IDE 接口、SATA 和 SCSI 接口三大派系。

（2）控制电路

硬盘控制电路主要负责硬盘的读/写控制等工作。由于磁头读取的信号微弱，将放大电路密封在腔体内可减少外来信号的干扰，提高操作指令的准确性。

（3）固定面板

固定面板就是硬盘正面的面板，它与底板结合成一个密封的整体，保证了硬盘盘片和机构的稳定运行。在面板上最显眼的莫过于产品标签，上面印着产品型号、产品序列号、产品、生产日期等信息，这在上面已提到了。此外还有一个透气孔，它的作用就是使硬盘内部气压与大气气压保持一致，如图 5-9 所示。

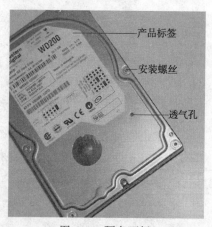

图 5-9　硬盘面板

2. 硬盘的分类

1）按照物理尺寸分类

目前市场上的硬盘产品有 3.5 in、2.5 in、1.8 in、1 in 等几种，如图 5-10 所示。

（a）3.5 in 硬盘

（b）2.5 in 硬盘

（c）1.8 in 硬盘

（d）1 in 硬盘

图 5-10　不同尺寸的硬盘

2）按接口类型

（1）IDE 接口

IDE 接口又称 ATA 接口，基于 ATA-1 标准，采用 40 针的数据线连接硬盘，就在 ATA-2 成为标准时，西部数据与希捷掀起了一场接口名称之争。西部数据提出了 EIDE 的概念，EIDE 实际上包含了 ATA-2 和 ATAPI 两种标准，采用 80 针的数据线连接硬盘和光驱，其中 ATA-1 和 ATA-2 标准主要是用来连接硬盘，ATAPI 标准是为了让 CD-ROM、磁带机等其他设备使用 ATA 接口而制定的标准。它们具有价格低廉、兼容性好的优点，但也有速率慢、只能内置使用、对接口电缆长度限制严格、一根 IDE 或 EIDE 数据线最多可以连接两个 IDE 设备的缺点。

（2）USB 接口

一个 USB 接口理论上可以连接 127 个 USB 设备，其连接的方式十分灵活，既可以使用串行连接，也可以使用集线器连接。USB 不需要单独的供电系统，而且还支持热插拔，设备切换非常方便。

在软件方面针对 USB 设计的驱动程序和应用软件支持自启动，无需用户做更多的设置。USB 设备不会涉及 IRQ 冲突问题。USB 接口有自己的保留中断，不会与其他设备争夺有限的资源。

在速率方面，已经正式发布的 USB 2.0 标准将 USB 带宽拓宽到了 480 MB/s，这使得 USB 2.0 在外置设备的连接中具有很强的竞争力。

USB 接口具有价格低廉，连接简单快捷，兼容性强，扩展性好，速率快等优点；但也有设备之间的通信效率低，连接电缆的长度长等缺点。

（3）Serial ATA（简称 SATA）接口

SATA 硬盘已经成为市场的主流，如图 5-11 所示。

目前在 Serial ATA 标准中只需要四线电缆就可完成所有工作（第 1 针供电，第 2 针接地，第 3 针数据发送端，第 4 针数据接收端）。

图 5-11　SATA 接口

（4）SCSI 接口

目前，SCSI 接口广泛应用在硬盘、光驱光盘刻录机设备上。它具有适应面广、多任务、占用率低、数据传输率高（最高可达 320 Mbit/s）等优点。但 SCSI 接口的硬盘价格相对较高，而且使用时还必须另外购买 SCSI 卡，因而在家用微机上使用较少，主要用在网络服务器、工作站和高档微机上。图 5-12 所示为一款 SCSI 接口的硬盘。

图 5-12　SCSI 接口

（5）E-SATA 接口

E-SATA（External Serial ATA）即外部串行 ATA，它是 SATA 接口的外部扩展规范。换言之，E-SATA 就是"外置"版的 SATA，用来连接外部而非内部 SATA 设备。例如拥有 E-SATA 接口，可以轻松地将 SATA 硬盘与主板的 E-SATA 接口连接，而不用打开机箱更换 SATA 硬盘。相对于 SATA 接口来说，E-SATA 在硬件规格上有些变化，数据线接口连接处加装了金属弹片来保证物理连接的牢固性，如图 5-13 所示。

（6）SAS 接口

串行连接 SCSI，是新一代的 SCSI 技术，与现在流行的 SATA 硬盘相同，都是采用串行技术以获得更高的传输速度，并通过缩短连接线改善内部空间等。SAS 是并行 SCSI 接口之后开发出的全新接口。此接口的设计是为了改善存储系统的效能、可用性和扩充性，且提供与 SATA 硬盘的兼容性，如图 5-14 所示。

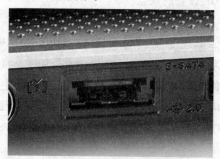

图 5-13　E-SATA 接口

图 5-14　SAS 接口

3. 硬盘的主要性能参数

（1）容量

硬盘内部往往有多个叠起来的磁盘片，所以说硬盘容量=单碟容量×碟片数，单位为 GB，硬盘容量是越大越好，可以装下更多的数据。要特别说明的是，单碟容量对硬盘的性能也有一定的影响：单碟容量越大，硬盘的密度越高，磁头在相同时间内可以读取到更多的信息，这就意味着读取速度得以提高。

（2）转速

硬盘转速（Rotational Speed）是指硬盘主轴电机的转速，单位是 r/min（Rotations Per Minute，RPM）。转速是决定硬盘内部数据传输率的关键因素，也是区分硬盘档次的重要指标。从理论上说，转速越快越好，因为较高的转速可缩短硬盘的平均寻道时间和实际读写时间，从而提高在硬盘上的读写速度；但任何事物都有两面性，在转速提高的同时，硬盘的发热量也会增加，它的稳定性就会有一定程度的降低。所以说我们应该在技术成熟的情况下，尽量选用高转速的硬盘。

（3）缓存

一般硬盘的平均访问时间为十几毫秒，但 RAM（内存）的速度要比硬盘快几百倍。所以 RAM 通常会花大量的时间等待硬盘读出数据，从而造成 CPU 效率下降。于是，人们采用了高速缓冲存储器（又叫高速缓存）技术来解决这个矛盾。简单地说，硬盘上的缓存容量是越大越好，大容量的缓存对提高硬盘速度很有好处，不过提高缓存容量就意味着成本上升。

（4）内部数据传输率

内部数据传输率（Internal Data Transfer Rate）又称持续传输率（Sustained Transfer Rate），指磁头至硬盘缓存间的最大数据传输率。

一般采用 UDMA/66 技术的硬盘内部传输率是 25～30 MB/s，只有极少数产品超过 30 MB/s，内部数据传输率是系统真正的瓶颈。

一般来讲，硬盘的转速相同时，单碟容量大的硬盘内部传输率高；在单碟容量相同时，转速高的硬盘内部传输率高。

（5）外部数据传输率

外部数据传输率（External Data Transfer Rate）是指系统从硬盘内部缓冲区读取数据的速率。外部数据传输率和硬盘的接口方式有关。

（6）平均寻道时间

平均寻道时间是硬盘磁头移动到数据所在磁道时所用的时间，单位为毫秒（ms）。平均寻道时间越短硬盘速度越快。

（7）连续无故障时间（MTBF）

该指标是指硬盘从开始运行到出现故障的最长时间，单位是小时。一般硬盘的 MTBF 至少在 30 000 小时以上。这项指标在一般的产品广告或常见的技术特性表中并不提供，需要时可专门上网到具体生产该款硬盘的公司网址中查询。

（8）全程访问时间

该指标指磁头开始移动直到最后找到所需要的数据块所用的全部时间，单位为毫秒（ms）。而平均访问时间指磁头找到指定数据的平均时间，单位为毫秒，通常是平均寻道时间和平均潜伏时间之和。现在硬盘广告中所说的平均访问时间大部分都是用平均寻道时间来代替的。

（9）单碟容量

单碟容量是仅次于硬盘转速的重要因素。增加硬盘的容量有两种方法：一是增加盘片的数量，一是提高单碟的容量。但增加盘片数量的手段是有限的。现在的大容量硬盘采用的都是新型 GMR 巨磁阻磁头，使记录密度大大提高，硬盘的单碟容量也相应提高。提高单碟容量已成为提高硬盘容量的主要手段，也是反映硬盘技术水平的一个主要指标。

提高单碟容量的另一个重要意义在于可提高硬盘的内部数据传输率。硬盘单碟容量的提高得益于数据记录密度的提高，而数据记录密度与数据传输率是成正比的。单碟容量越大，硬盘的内部数据传输率也就越高。

（10）潜伏期

该指标表示当磁头移动到数据所在的磁道后，等待所要的数据块继续转动（半圈或多些、少些）到磁头下的时间，单位为毫秒（ms）。平均潜伏期就是盘片转半圈的时间。

（11）硬盘表面温度

该指标表示硬盘工作时产生的温度使硬盘密封壳温度上升的情况。厂家并不提供这项指标，一般只能在各种媒体的测试数据中看到。硬盘工作时产生的温度过高将影响薄膜式磁头的数据读取灵敏度，因此硬盘工作表面温度较低的硬盘有更稳定的数据读/写性能。

（12）S.M.A.R.T

该指标的英文全称是 Self – Monitoring Analysis & Reporting Technology，即自动监测分析报告技术。这项技术指标使得硬盘可以监测和分析自己的工作状态和性能，并将其显示出来。用户可以随时了解硬盘的运行状况，遇到紧急情况时，可以采取适当措施，确保硬盘中的数据不受损失。采用这种技术以后，硬盘的可靠性得到了很大的提高。

4．硬盘的新技术

（1）RAID

独立冗余磁盘阵列（Redundant Array of Independent Disk，RAID）是一种把多块独立的硬盘（物理硬盘）按不同的方式组合起来形成一个硬盘组（逻辑硬盘），从而提供比单个硬盘更高的存储性能与数据备份能力的技术。RAID 的特色是 N 块硬盘同时读取速度加快及提供容错性（Fault Tolerant）。冗余磁盘阵列技术诞生于 1987 年，由美国加州大学伯克利分校提出。根据磁盘阵列的不同组合方式，可以将 RAID 分为不同级别。级别并不代表技术高低，选择哪一种 RAID level 的产品视用户的操作环境（Operating Environment）及应用而定，与级别高低没有必然关系。

（2）固态硬盘

固态硬盘（Solid State Disk）没有机械装置，完全的半导体化，形成了它自己的特点：不怕震动，温度范围宽（形变小），运转安静没有噪声。缺点也很明显，价格昂贵，一般用在特殊场合，主要是工业控制和嵌入式产品。

（3）主动硬盘保护技术 APS

ASP 硬盘保护技术是由内嵌于主板上的加速度感应芯片和预装在系统中的震动预测管理软件组成。通过对 ThinkPad 笔记本的角度、震动、撞击的监测，来决定是否将硬盘磁头从工作状态收回到磁头停止区，从而减小撞击对硬盘的损害，保护硬盘及硬盘内的数据。震动预测管理软件从加速感应芯片中接收到相应的信号，通过分析判断出哪些是对硬盘有害的，哪些是规律性的运动。震动预测管理软件会忽略对硬盘不能造成伤害的规律性运动，而对于可能会对硬盘造成损害的运动，震动预测管理软件会立刻将信息传递给硬盘，使磁头迅速收回到停止区。当笔记本处于关机状态时，APS 功能并不会被启动。

5．硬盘选购及使用注意事项

在购买一台计算机时，很多用户往往会特别注重 CPU 和显卡的速度以及内存的容量。对于硬盘，则会放到一个相对次要的位置，大致只关注一下硬盘的容量而已。其实硬盘也是计算机的主要部件，同样对计算机的整体性能起着决定性的作用。对于硬盘来说，容量、速度、安全性永远是用户最关心的三大指标：

1）容量

硬盘的容量从最初以 MB 为基本单位，到现在已经以 GB 为基本单位了，目前市场上 500 GB 左右的硬盘为主流，就算是 1TB 的硬盘也不难买到，发展之快可见一斑。客观上越来越多的软件安装需要巨大的空间：操作系统每推出一个换代版本容量几乎都要扩大 1 倍，多媒体文件总要在硬盘上占有一席这地，图形设计软件（无论是 Photoshop 还是 3D Max）以及用这些软件制造出来的图形文件也要占去数百兆的空间，玩家喜爱的游戏安全安装也需要 1TB 以上的空间。

2）速度

随着科技的发展，人们关注硬盘容量的同时对硬盘速度也提出了更高的要求。虽然硬盘作为计算机的外存，但能买 7200 r/min 的就尽量不买 5400 r/min 的。

3）安全性

目前的硬盘容量越来越大，更大的存储空间意味着允许存储更多的资料，一旦硬盘发生故障导致数据不能被读出，损失也是非常惨重的。即便是根据质保协议，用户可以免费更换硬盘，但是资料的损失是不能用金钱来衡量的。因此硬盘的安全性也被提上了议事日程，首先 S.M.A.R.T 技术被广泛应用于各种主流硬盘并得到很多操作系统的支持。各个厂家为了进一步增加硬盘的可靠性和考虑到产品的卖点，自发地研制了不同的硬盘安全技术，大致目的都是为了以下两点：

① 提高硬盘的抗震和抗瞬间冲击的性能。

② 通过软硬结合对硬盘进行监测和自我诊断，尽早发现潜在的问题，并结合硬盘一定的自我修复能力将故障消灭在萌芽状态。

4）使用注意事项

（1）BT 下载

Bittorrent 下载是宽带时代新兴的 P2P 交换文件模式，各用户之间共享资源，互相当种子和中继站，俗称 BT 下载。由于每个用户的下载和上传几乎是同时进行，因此下载的速度非常快。不过，它会将下载的数据直接写进硬盘，因此对硬盘的占用率比 FTP 下载要大得多。

此外，BT 下载要事先申请硬盘空间，在下载较大文件时，一般整个系统优先权会在 2～3 min 内全部被申请空间的任务占用，其他任务反应极慢。有些人为了充分利用带宽，还会同时进行多个 BT 下载任务，此时就非常容易出现因磁盘占用率过高而导致的死机故障。

（2）频繁地整理磁盘碎片

磁盘碎片整理和系统还原本来是 Windows 提供的正常功能，但如果频繁地做这些操作，对硬盘是有害而无利的。磁盘整理要对硬盘进行底层分析，判断哪些数据可以移动、哪些数据不可以移动，再对文件进行分类排序。在正式安排好硬盘数据结构前，它会不断地随机读写数据到其他簇，排好顺序后再把数据移回适当位置，这些操作都会占用大量的 CPU 和磁盘资源。其实，对现在的大硬盘而言，文档和邮件占用的空间比例非常小，多数人买大硬盘是用来存放电影和音乐的，这些分区根本无需频繁整理——因为播放多媒体文件的效果和磁盘结构根本没有关系，播放速度是由显卡和 CPU 决定的。

（3）Windows XP 的自动重启

Windows XP 的自动重启功能可以自动关闭无响应的进程，自动退出非法操作的程序，从而减少用户的操作步骤。不过，这个功能也有一个很大的问题：它会在自动重新启动前关闭硬盘电源，在重新启动机器时再打开硬盘电源。这样一来，硬盘在不到 10 s 的时间间隔内，受到两次电流冲击，很可能会发生突然"死亡"的故障。为了节省一些能源设置成让系统自动关闭硬盘，对硬盘来说也是弊大于利的。

6. 光驱的基础知识

读 CD-ROM 的设备称为光盘驱动器(简称光驱)，如图 5-15 所示。目前大部分光驱都采用 IDE

接口，采用 USB 接口的光驱多用在笔记本式计算机上。按照光驱在计算机上的安装方式来分，可分为内置光驱和外置光驱。内置光驱安装在主机箱中 5.25 in 软驱的位置，用 IDE 数据线连接到主板的 IDE 接口。外置光驱都有专门的保护外壳，不用安装到机箱内，一般通过并口线或 USB 电缆连接到主机。

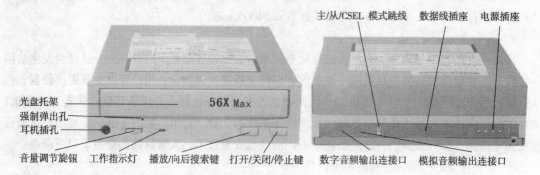

图 5-15 光驱的外部结构

光驱的内部结构如图 5-16 所示，光驱通常由激光头、主轴电动机、伺服电动机、系统控制器等几个部分组成。

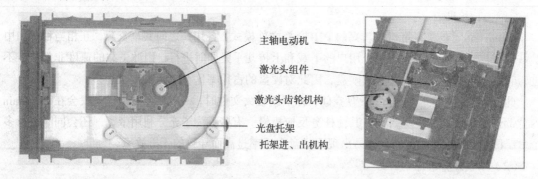

图 5-16 光驱的内部结构

激光头由一组透镜和一个发光二极管组成，它发出的激光经过聚焦后照在凹凸不平的盘片上，并通过反射光的强度来读取信号。

主轴电机负责为光盘运行提供动力，并在光盘读取数据时提供快速的数据定位功能。

伺服电动机是一个小型的由计算机控制的电动机，用来移动和定位激光头到正确的位置读取数据。

系统控制器主要协调各部分的工作，是光驱的控制中心。

光驱的主要技术指标如下：

（1）传输速率

数据传输速率（Sustained Data Transfer Rate）是 CD-ROM 光驱最基本的性能指标，该指标直接决定了光驱的数据传输速度，通常以 KB/s 来计算。最早出现的 CD-ROM 的数据传输速率只有 150 KB/s，当时有关国际组织将该速率定为单速，而随后出现的光驱速度与单速标准是一个倍率关系，比如 2 倍速的光驱，其数据传输速率为 300 KB/s，4 倍速为 600 KB/s，8 倍速为 1 200 KB/s，12 倍速时传输速率已达到 1 800 KB/s，依此类推。

（2）CPU 占用时间

CPU 占用时间（CPIU Loading）指 CD-ROM 光驱在维持一定的转速和数据传输速率时所占用 CPU 的时间。该指标是衡量光驱性能的一个重要指标，从某种意义上讲，CPU 的占用率可以反映光驱的 BIOS 编写能力。优秀产品可以尽量减少 CPU 的占用率，当然这只能在质量比较好的盘片上才能反映。如果碰上一些磨损非常严重的光盘，CPU 占用率自然就会直线上升，如果用户想节约时间，就必须选购那些读"磨损严重光盘"的能力较强、CPU 占用率较低的光驱。从测试数据可以看出，在读取质量较好的盘片时，最好的成绩与最差的成绩相差不会超过两个百分点，但是在读取质量较差的盘片时，差距就会增大。

（3）高速缓存

该指标通常会用 Cache 表示，也有些厂商用 Buffer Memory 表示。它的容量大小直接影响光驱的运行速度。其作用就是提供一个数据缓冲，先将读出的数据暂存起来，然后一次性进行传送，目的是解决光驱速度不匹配的问题。

（4）容错性

尽管目前高速光驱的数据读取技术已经趋于成熟，但仍有一些产品为了提高容错性能，采取调大激光头发射功率的办法来达到纠错的目的，这种办法的最大弊病是人为地造成激光头过早老化，减少产品的使用寿命。

（5）稳定性

稳定性是指一部光驱在较长的一段时间（至少一年）内能保持稳定的、较好的读盘能力。

7. CD-R 与 CD-RW

（1）CD-R

CD-R 是 CD-Recordable 的缩写，代表一种将数据写入光盘的技术。由于使用特殊的刻录光驱和盘片，因此又区分为"CD-R 刻录机"和"CD-R 盘片"，但两者逐渐被统称为 CD-R。CD-R 盘片上有一层有机染料（Dys），这是 CD-R 盘片的灵魂。虽然 CD-R 技术可以将数据写入专用的 CD-R 光盘内，可是在同一位置上只能写入一次，万一出现写错或写坏，那么这张光盘就宣布"下课"了。发生这种情况主要是因为刻录机的激光头发出高功率激光照射 CD-R 光盘的染色层，使其产生化学变化，而这种所谓的化学变化所引起的结果是不可恢复的，所以 CD-R 上的同一位置是不能重复写入的。

（2）CD-RW

CD-RW 是 CD-ReWritable 的缩写，代表一种"重复写入"的技术，利用这种技术可以在特殊光盘上的相同位置重复写入数据。为什么 CD-RW 有如此的功能呢？其具有的"相变技术"是成功的关键所在，这种技术首开"以新数据直接覆盖旧数据"之风范。因此必须在提供 Multiread 功能的光驱上才能正常读取数据。

8. 刻录机

（1）工作原理

在刻录 CD-R 盘片时，通过大功率激光照射 CD-R 盘片的染料层，在染料层上形成一个个平面（Land）和凹坑（Pit），光驱在读取这些平面和凹坑时将其转换为 0 和 1。由于这种变化是一次性的，不能恢复到原来的状态，所以 CD-R 盘片只能写入一次。

CD-RW 的刻录原理与 CD-R 大致相同，只不过 CD-RW 盘片上镀的是一层 200～500Å

（1Å=10^{-8}cm）厚的薄膜，这种薄膜的材质为银、铟、钋或碲的结晶层，这种结晶层能够呈现出结晶和非结晶两种状态，这两种状态相当于 CD-R 的平面的凹坑。通过激光束的照射，可以在这两种状态之间相互转换，从而实现 CD-RW 盘片的重复写入。

（2）接口规范

刻录机与主机相连的方式主要有 IDE、SCSI、USB 和 IEEE 1394 等。从长远角度来看，外置式刻录机必将逐渐过渡到 IEEE 1394 接口和 USB 2.0 接口。

（3）刻录机的速度

刻录机和普通光驱一样也有倍速之分，只不过刻录机还有一个速度指标，即刻录速度，复写的最高速度为 32X。

除了刻录机，CD-R 和 CD-RW 盘片也都有标称的刻录速度，对于仅支持低速刻录的盘片，如果强行采用高速刻录方式，有可能会造成记录层刻录不完全，导致数据读取失败甚至盘片报废，所以选择支持相应刻录速度的盘片也是非常重要的。

（4）刻录机的缓存

和普通光驱一样，刻录机也有缓存。在高速刻录时除了对盘片的要求比较高以外，缓存大小也十分重要。在刻录开始前，刻录机需要先将一部分数据载入到缓存中，然后在刻录过程中不断地从缓存中读取数据刻录到盘片上，同时缓存中的数据也在不断补充。一旦数据传送到缓存里的速率低于刻录机的刻录速度，缓存中的数据就会减少，缓存完全清空之后，就会发生缓存欠载问题，导致盘片报废。

缓存大小直接影响到刻录的成功率，缓存越大，发生缓存欠载问题的可能性就越低，所以刻录机的缓存要比光驱的缓存大得多。

9. DVD

DVD 是 Digital Video Disc（数字视频光盘）或 Digital Versatile Disc（数字通用光盘）的缩写。DVD 光驱与光盘如图 5-17 和图 5-18 所示。早期的 DVD 只应用于数字影像存储（DVD-Video），是由东芝、松下、索尼、飞利浦等几家厂商制订的高清晰影像格式。现在的 DVD 已经进入数据存储领域，包括类似于 CD-ROM 用来储存数据的 DVD-ROM，一次性刻录的 DVD-R 和可反复读写的 DVD-RAM、DVD+RW、DVD-RW。

图 5-17　DVD 光驱　　　　　　图 5-18　DVD 盘片

（1）DVD 光盘结构

DVD 光盘的尺寸与 CD-ROM 光盘一样，分为两种：一种是我们常用的 120 mm 光盘，一种是很少见的 80 mm 光盘。单面的 DVD 光盘只有 0.6 mm 厚，比 CD 光盘薄了一半，其容量却有 4.7 GB。

单面 DVD 光盘的介质还可以分为两层，这样一来单面双层的容量扩大到了 8.5 GB，再把两张光盘黏合在一起，就变成了双面双层的 17 GB 的 DVD 光盘了。

能得到如此大容量的原因是：DVD 存放数据信息的坑点非常小，而且非常紧密。

（2）DVD-ROM 光驱

DVD-ROM 速率的计算方法与 CD-ROM 不同。DVD-ROM 的读取倍速为 1350 Kb/s，而 CD-ROM 的读取倍速为 150 Kb/s。因此不能直接将 DVD-ROM 的读取倍速和 CD-ROM 进行比较，两者的速率基准不一样。

现在的 DVD 光驱可兼容 CD 类光盘。尽管 DVD 和 CD 技术所用的数据读取机制相同，但它们的坑洞直径、最小轨距和读取波长不同，因此 DVD 激光头采用了一些技术手段，如采用两个激光头发出两种不同波长的光来兼容各类 CD 盘。

小常识

在应用中许多人发现，格式化后系统显示出来的硬盘容量往往比硬盘的标称容量小，这是由不同的单位转换关系造成的。硬盘厂商的换算是：1 KB=1 000 Byte、1 MB=1 000 KB、1 GB=1 000 MB、1 TB=1 000 GB；操作系统的换算是：1 KB=1 024 B、1 MB=1 024 KB、1 GB=1 024 MB、1 TB=1 024 GB。硬盘厂商对于 MB、GB、TB 等单位的定义是以 10 进位的方式去设定，也就是说在硬盘厂商的定义之下，1 MB=10^6 个字节、1 GB 等于 10^9 个字节，而 1 TB 就等于 10^{12} 个字节；两者换算大概相差 8% 左右。所以，格式化后系统显示出来的硬盘容量往往比硬盘的标称容量小。

课 后 习 题

一、填空题

1. 计算机硬盘的一个扇区的容量为_____字节。

2. 如果一个硬盘的容量是 120 GB，而单碟容量是 80 GB，这个硬盘有_____张盘片，_____个磁头。

3. SATA 接口(总线）的数据传输方式为_____。

4. USB 理论上讲最多支持_____个设备。

二、选择题

1. 在微机系统中，（　　）的存储容量最大。

　　A. 内存　　　　　　B. 软盘　　　　　　C. 硬盘　　　　　　D. 光盘

2. 台式计算机中经常使用的硬盘多是（　　）英寸的。

　　A. 5.25　　　　　　B. 3.5　　　　　　C. 2.5　　　　　　D. 1.8

3. 硬盘标称容量为 40 GB，实际存储容量是（　　）。

　　A. 39.06 GB　　　　B. 40 GB　　　　　C. 29 GB　　　　　D. 15 GB

4. 温彻斯特磁盘的特点是（　　）

　　A. 悬浮式磁头和不密封式磁盘外壳　　　　B. 接触式磁头和密封磁盘外壳

　　C. 悬浮式磁头和密封式磁盘外壳　　　　　D. 接触式磁头和不密封磁盘外壳

三、操作题

观察图 5-19 所示的光驱的内部结构，将数字对应的部件的名称填入下列对应的表格中。

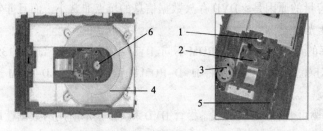

图 5-19　光驱的内部结构

序　号	名　称	序　号	名　称
1		4	
2		5	
3		6	

单元 六
显卡与液晶显示器

引言

　　显卡是连接显示器和个人计算机主板的重要元件，是"人机对话"的重要设备之一。显卡作为计算机主机里的一个重要组成部分，承担输出显示图形的任务，对于从事专业图形设计的人来说非常重要。

　　显示器是属于计算机的 I/O 设备，即输入/输出设备，分为 CRT 显示器、LCD 等多种，是一种将一定的电子文件通过特定的传输设备显示到屏幕上再反射到人眼的显示工具。

学习目标

　　本单元主要介绍显卡和显示器的基本知识，日常维护以及选购方法。通过本单元的学习，应该掌握以下几点：

- 认识显卡的构成
- 显卡的性能参数
- 显卡的选购
- 认识液晶显示器
- 液晶显示器选购标准

任务七　认识显卡

任务描述

　　喜欢玩游戏的可能会遇到这样的问题。找到一个游戏，令人气愤的是，安装完毕后居然无法打开，原来是显卡不支持。这是为什么呢？

任务分析

　　相信碰到以上问题的人会很纠结，辛辛苦苦安装完成，居然不能玩。为什么会提示显卡不支持呢？经常玩游戏的人都知道，不同的游戏对显卡的要求也不尽相同。比如比较小的单机游戏，使用普通的集成显卡即可，但一些大型的 3D 游戏就必须使用独立显卡才可以运行，所以我们如果要玩大型的游戏就应该配备比较高端的独立显卡。

任务实施

我们在选购计算机时就要弄清楚所选的计算机到底是集成显卡还是独立显卡，是图形显卡还是游戏影音类显卡，或者是双显卡。根据自己的需要选择相应的显卡，如果是要玩游戏则可以选择 nVIDIA 游戏显卡，画图、制图等可以选择 AMD（ATI）系列的图形显卡。在购买前我们同样要了解相关知识，至少应该知道到底有几种类型的显卡。

相关知识

1. 显卡简介

显卡（见图 6-1）全称为显示接口卡（Video Card，Graphics Card），又称显示适配器（Video Adapter）。显卡的用途是将计算机系统所需的显示信息进行转换驱动，并向显示器提供行扫描信号，控制显示器的正确显示，显示器是计算机和用户交互的一个关键的图文界面。显示器可以显示五颜六色的精彩画面，但需要显卡给显示器发送显示信号，并控制显示器所显示的绚丽的色彩。由此可见显卡是微机显示系统不可缺少的部件，是个人计算机最基本的组成部分之一。

显卡是系统必备的装置，它负责将 CPU 送来的影像资料处理成显示器可以了解的格式，再送到显示屏上形成影像。是我们从计算机中获取资讯最重要的管道。我们在监视器上看到的图像是由很多个小点组成的，这些小点称为"像素"。在最常用的分辨率设置下，屏幕显示一百多万个像素，计算机必须决定如何处理每个像素，以便生成图像。为此，它需要一位"翻译"，负责从 CPU 获得二进制数据，然后将这些数据转换成人眼可以看到的图像。除非计算机的主板内置了图形功能，否则这一转换是在显卡上进行的。我们都知道，计算机是二进制的，也就是 0 和 1，但不是直接在显示器上输出 0 和 1，而是通过显卡将这些 0 和 1 转换成图像显示出来。

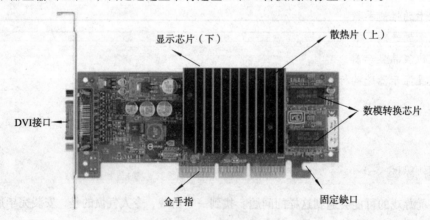

图 6-1   显卡

数据一旦离开 CPU，必须通过 4 个步骤才会达到显示器：

- 从总线进入 GPU（Graphics Processing Unit，图形处理器）：将 CPU 送来的数据送到北桥（主桥）再送到 GPU（图形处理器）里面进行处理。
- 从显卡芯片组进入显存：将芯片处理完的数据送到显存。
- 从显存进入随机读写存储数 1 模转换器（RAM DAC）：从显存读取出数据再送到 RAM DAC 进行数据转换的工作（数字信号转模拟信号）。

● 从 DAC 进入显示器：将转换完的模拟信号送到显示屏。

图 6-2 所示为显卡与显示器的物理连接原理。

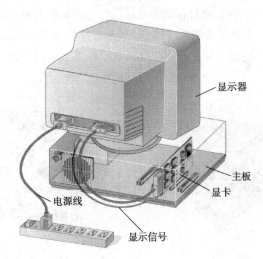

显示器

主板

显卡

电源线

显示信号

图 6-2　显卡与显示器的物理连接原理

　　显示效能是系统效能的一部分，其效能的高低由以上 4 步所决定，与显卡的效能不太一样，如要严格区分，显卡的效能应该受中间两步所决定，因为这两步的资料传输都是在显卡的内部。第一步是由 CPU（运算器和控制器一起组成的计算机的核心，称为微处理器或中央处理器）进入到显卡中，最后一步是由显卡直接传送资料到显示器上。

　　2. 显卡的构成

　　显卡的构造不是很复杂，它有一个 15 针的 VGA 输出端口或 24 针的 DVI 接口，卡上有图形处理芯片、显示内存（简称显存）、BIOS 芯片及 VGA 插座或 DVI 插座和数模转换芯片（RAMDAC）等。

　　（1）显卡芯片

　　显示芯片（见图 6-3）是显卡的心脏，决定该卡的档次和大部分性能，同时也是 2D 显卡和 3D 显卡区分的依据。2D 显示芯片处理三维图像和特效主要依赖 CPU 的处理能力，被称为"软加速"。如果将三维图像和特效处理功能集中在显示芯片内，也可称为"硬件加速"功能，可构成 3D 显示芯片。

　　显示芯片性能的好坏直接决定了显卡性能的好坏，它的主要任务是处理系统输入的视频信息并将其进行构建、渲染等工作。显示芯片的性能直接决定了显卡性能的高低。不同的显示芯片，不论是从内部结构还是其性能，都存在着差异，而其价格差别也很大。显示芯片在显卡中的地位，就相当于计算机中 CPU 的地位，是整个显卡的核心。因为显示芯片的复杂性，目前设计、制造显示芯片的厂家只有 nVIDIA、AMD 两家公司。SIS、VIA 等公司都是生产集成显卡芯片。显卡芯片就像主板芯片组是主板的核心一样，在工作站中，显示芯片是工作站显卡的核心，它控制着显卡的全面动作。

　　（2）显存

　　显存（见图 6-4），又称帧缓存，作用是用来存储显卡芯片处理过或者即将提取的渲染数据。如同计算机的内存一样，显存是用来存储要处理的图形信息的部件。我们在显示器上看到的画面是由一个个的像素点构成的，而每个像素点都以 4～32 甚至 64 位的数据来控制它的亮度和色彩，这些数据必须通过显存来保存，再交由显示芯片和 CPU 调配，最后把运算结果转化为图形输出到显示器上。显存和主板内存一样，执行存储的功能，但它存储的对象是显卡输出到显示器上的每个像素的信息。显存是显卡非常重要的组成部分，显示芯片处理完数据后会将数据保存到显存中，然后由 RAMDAC（数/模转换器）从显存中读取出数据并将数字信号转换为模拟信号，最后由屏幕显示出来。

显存散热片

显存颗粒

图 6-3　显卡芯片　　　　　　　　　　图 6-4　显存

（3）显卡 BIOS

BIOS 是 Basic Input Output System 的缩写，即是"基本输入/输出系统"。而显卡 BIOS 显然是显卡的"基本输入/输出系统"。主要存放显示芯片与驱动程序之间的控制程序，另外还存放有显卡型号、规格、生产厂家、出厂时间等信息。打开计算机时，通过显示 BIOS 内的一段控制程序，将这些信息反馈到屏幕上。早期显卡 BIOS 是固化在 ROM 中的，不可以修改，而现在则采用了大容量的 Flash-BIOS，可以通过专用的程序进行改写升级。

（4）VGA 与 DVI 接口

计算机处理的是数字信号，处理完后传送出来的也是数字信号。但是传统的 CRT 显示器使用的是模拟信号，因此为了与 CRT 显示器沟通，送到显示器的信号必须先转换成模拟的才能使用。所以一般显卡的输出送的也是模拟信号。相对来讲，LCD 显示器使用的是数字信号，但是为了与一般显卡兼容，所以会被设计成可以接收 D-Sub 接头送出来的模拟信号，然后再把这个模拟信号转换成数字信号去处理与显示。但又会产生一个问题，因为不论是从数字转模拟或从模拟转数字，一定都会有信号的遗失。因此 LCD 显示器进行了两次本来不必要的信号损失。造成画面会有一点点模糊，而 LCD 原本的能力可以显示得更清楚。

由于这几年液晶显示器开始热卖，显卡厂商也开始推出可以直接输出数字信号的显卡，于是就多了一个称为 DVI（Digital Visual Interface）的接口。如果购买了 DVI 接口的显卡，再买一台有 DVI 接口的 LCD 显示器，这时 LCD 显示器所显示的清晰程度才是 LCD 原本所设计出来的显示效果。

3．显卡的主要性能指标

显卡主要有 6 项性能指标是：显存大小、分辨率、色深、刷新频率、流处理器单元和 DirectX。而在显卡领域，其主导市场大致可分为 3 类：即普通家庭用户、游戏发烧友、商业用户。

（1）显存大小

显示内存与系统内存的功能一样，只是显存是用来暂时存储显示芯片处理的数据，系统内存是用来暂时存储中央处理器所处理的数据。在屏幕上看到的图像数据都是存放在显示内存中的。

显卡达到的分辨率越高，屏幕上显示的像素点就越多，所需的显存也就越多。

比如，分辨率为 640×480 时，屏幕上就有 307 200 个像素点。色深为 8 位时每个像素点就可以表达 256（2^8）种颜色的变化。由于计算机采用二进制位，要存储的信息就需要 2 457 600（307 200×8）个二进制位，这至少需要 300 KB 显存容量。

（2）显示分辨率

显示分辨率指显卡能在显示器上描绘点数的最大数量，通常以"横向点数×纵向点数"表示，例如 1 024×768，这是图形工作者最注重的性能。

（3）色深

色深是指在某一分辨率下，每一个像点可以有多少种色彩来描述，它的单位是 bit（位）。具体地说，8 位的色深是将所有颜色分为 256 种，那么，每一个像点就可以取这 256 种颜色中的一种来描述，但把所有颜色简单地分成 256 种又实在太少，因此，人们就定义了一个"增强色"的概念来描述色深，它是指 16 位（65 536 色），即通常所说的"64K 色"及 16 位以上的色深。在此基础上，还定义了真彩色 24 位和 32 位等。

（4）刷新频率

刷新频率是指图像在屏幕上更新的速度，也即屏幕上的图像每秒钟出现的次数，它的单位是赫兹（Hz）。一般人眼不容易察觉 75 Hz 以上刷新频率带来的闪烁感，因此最好将显卡的刷新频率调到 75 Hz 以上。

如果要在 1 024×768 分辨率下达到 16 位色深，显存必须存储 1 024×768×16 = 125 822 912 位的信息，由于 1 Byte（字节）= 8 bit（位），1 KB（千字节）= 1024 B，1 MB（兆字节）= 1 024 KB，所以显存至少是 12 582 912÷1 024÷1 024 = 12 MB。由于显存的大小一般是 1 MB、2 MB、4 MB、8 MB……，因此，必须要有 2 MB 显存才能实现上述要求。

（5）流处理器单元

在 DX10 显卡出来以前，并没有"流处理器"这个说法。GPU 内部由"管线"构成，分为像素管线和顶点管线，它们的数目是固定的。简单来说，顶点管线主要负责 3D 建模，像素管线负责 3D 渲染。由于它们的数量是固定的，这就出现了一个问题，当某个游戏场景需要大量的 3D 建模而并没有太多的像素需要处理时，就会造成顶点管线资源紧张而像素管线大量闲置，当然也有截然相反的另一种情况。

在这样的情况下，人们在 DirectX 1010 时代首次提出了"统一渲染架构"，显卡取消了传统的"像素管线"和"顶点管线"，统一改为流处理器单元，它既可以进行顶点运算又可以进行像素运算，这样在不同的场景中，显卡就可以动态地分配进行定点运算和像素运算的流处理器数量，达到资源的充分利用；现在，流处理器数量的多少已经成为决定显卡性能高低的一个很重要的指标，nVIDIA 和 AMD（ATI）也在不断地增加显卡的流处理器数量使显卡的性能达到跳跃式增长，值得一提的是，nVIDIA 的显卡和 AMD 的显卡 GPU 架构并不一样，对于流处理器数的分配也不一样。

（6）DirectX

DirectX 并不是一个单纯的图形 API，它是由微软公司开发的用途广泛的 API，包含有 Direct Graphics（Direct3D+DirectDraw）、DirectInput、DirectPlay、DirectSound、DirectShow、DirectSetup、DirectMediaObjects 等多个组件，它提供了一整套的多媒体接口方案。只是其在 3D 图形方面的优

秀表现，让它的其他方面显得暗淡无光。DirectX 开发之初是为了弥补 Windows 3.1 系统对图形、声音处理能力的不足，已发展成为对整个多媒体系统的各个方面都有决定性影响的接口。

4. GPU

（1）由分散到统一：GPU 架构的新发展

GPU 是显卡的"大脑"，决定了该显卡的档次和大部分性能，同时也是 2D 显卡和 3D 显卡的区别依据。2D 显示芯片在处理 3D 图像和特效时主要依赖 CPU 的处理能力，称为"软加速"。3D 显示芯片是将三维图像和特效处理功能集中在显示芯片内，也即所谓的"硬件加速"功能。显示芯片通常是显卡上最大的芯片（也是引脚最多的）。现在市场上的显卡大多采用 nVIDIA 和 AMD （ATI）两家公司的图形处理芯片。

今天，GPU 已经不再局限于 3D 图形处理了，GPU 通用计算技术发展已经引起业界不少的关注，事实也证明 GPU 在浮点运算、并行计算等部分计算方面可以提供数十倍乃至于上百倍于 CPU 的性能，如此强悍的"新星"难免会让 CPU 厂商老大 Intel 为未来而紧张，nVIDIA 和 Intel 也经常为 CPU 和 GPU 谁更重要而展开口水战。GPU 通用计算方面的标准目前有 OpenCL、CUDA、ATI STREAM。其中，OpenCL（全称 Open Computing Language，开放运算语言）是第一个面向异构系统通用目的并行编程的开放式、免费标准，也是一个统一的编程环境，便于软件开发人员为高性能计算服务器、桌面计算系统、手持设备编写高效轻便的代码，而且广泛适用于多核心处理器（CPU）、图形处理器（GPU）、Cell 类型架构以及数字信号处理器（DSP）等其他并行处理器，在游戏、娱乐、科研、医疗等各种领域都有广阔的发展前景，AMD（ATI）、nVIDIA 现在的产品都支持 OpenCL。

1985 年 8 月 20 日 ATI 公司成立，同年 10 月 ATI 使用 ASIC 技术开发出了第一款图形芯片和图形卡，1992 年 4 月 ATI 发布了 Mach32 图形卡集成了图形加速功能，1998 年 4 月 ATI 被 IDC 评选为图形芯片工业的市场领导者，但那时这种芯片还没有 GPU 的称号，很长的一段时间 ATI 都是把图形处理器称为 VPU，直到 AMD 收购 ATI 之后其图形芯片才正式采用 GPU 的名字。

nVIDIA 公司在 1999 年发布 GeForce 256 图形处理芯片时首先提出 GPU 的概念。从此 nVIDIA 显卡的芯就用 GPU 来称呼。GPU 使显卡减少了对 CPU 的依赖，并进行部分原本 CPU 的工作，尤其是在 3D 图形处理时。GPU 所采用的核心技术有硬体 T&L、立方环境材质贴图和顶点混合、纹理压缩和凹凸映射贴图、双重纹理四像素 256 位渲染引擎等，而硬体 T&L 技术可以说是 GPU 的标志。

（2）双卡技术

SLI 和 CrossFire 分别是 nVIDIA 和 AMD 两家的双卡或多卡互连工作组模式。如图 6-5 所示，其本质是差不多的，只是叫法不同。SLI（Scan Line Interface）技术是 3dfx 公司应用于 Voodoo 上的技术，它通过把两块 Voodoo 显卡用 SLI 线物理连接起来，工作时一块 Voodoo 卡负责渲染屏幕奇数行扫描，另一块负责渲染偶数行扫描，从而达到将两块显卡"连接"在一起获得"双倍"的性能。SLI 中文名速力，到 2009 年 SLI 工作模式与早期 Voodoo 有所不同，改为屏幕分区渲染。

图 6-5　双卡互连

（3）GPU+CPU

在 PC 技术领域，CPU 和 GPU 始终是相辅相成的，在两者已经发展到出现新的瓶颈时，"结合"也许是明智的解决方案，而关于整合 CPU 和 GPU 的方案就一直被人们所津津乐道。随着，nVIDIA 率先引入了 Tesla 通用 GPU 计算架构，其最终目的是将 CPU 和 GPU 合二为一，然后 nVIDIA 并没有 CPU 的研发历史，在整合的道路上遇到了重重困难。另一方面，AMD 又计划推出内建 GPU 核心的 FusiON 处理器，各大计算机巨头的行为似乎在预示处理器将进入整合 GPU 的时代。

由于在功能和作用上 GPU 与 CPU 的很多方面是整合互补的，因此有人发出了这样的想法，我们还需要显卡吗？早在多年前，有人已经在这方面做出了尝试。

AMD 并购图形处理芯片提供商 ATI（Array Technology Industry）公司，这桩发生在 CPU（Central Processing Unit　中央处理器芯片）和 GPU（Graphic Processing Unit　图形处理芯片）领域的并购事件，明示了 CPU 与 GPU 的整合之势，其影响已经远远超过了各自所属的领域范围，在全球芯片产业内部造成激荡。

作为图形芯片领域的领头羊，nVIDIA 此前推出了 Tesla 通用 GPU 计算架构，但这并不是 nVIDIA 的最终目的，不管是 GPU 集成 CPU，还是 CPU 整合 GPU，nVIDIA 意识到未来 GPU 的发展趋势，那就是 CPU 与 GPU 的完美整合，nVIDIA 已经抢先买下 Ull Electronics，并收购了 Stexar 公司，获得了整体芯片组和 x86 架构的设计团队。

可见，在大多数业内人士看来，由于在未来的处理器市场，通用功能的中央处理器与特殊功能的中央处理器芯片之间的功能差别将变得越来越小，因此两者早晚会整合到一起。海克特·鲁毅智也相信，两种芯片处理器的整合是一种确定无疑的趋势。Intel 公司也曾经做过类似努力，不过他们的实现方法是把低端的显卡集成到自己生产的计算机主板上。甚至，已经有业界人士开始探讨 CPU + GPU 的可行性，并且迫不及待地将由此理念催生的新型处理器命名为 IPU（Integrated Processing Unit，整合处理器）。

CPU+GPU 整合的实际价值是如何解决两者在发展过程中的瓶颈。而谈到 CPU 与 GPU 的整合，相信不少用户都会想到板载 GPU，它的目的是为了降低用户的使用成本，然而在 CPU 里整合 GPU，是否也仅为了降低成本那么简单呢？实际并非如此，在 GPU 刚刚诞生时，它的用途比较简单、专一，主要是为了处理图像贴图，然而随着 3D 技术的发展，GPU 不仅具有可编程能力，而且还具备高强度并行计算能力。GPU 有两个重要特征：在视觉上提供非常逼真的效果；可以分担 CPU 在计算中的负载，起到减负的作用。CPU 的设计则不同，它适合管理多个离散的任务，但在处理并行化任务时显得力不从心，CPU 进入多核时代后，依然不能满足用户的需求。因而，GPU 在浮点运算能力上要远强于 CPU，据说这个差距在 25 倍。PCI-E 总线限制了 GPU 与 CPU 的整合。

如果能够发挥 GPU 的性能潜力，让它协助 CPU 处理复杂的任务，比如 CPU 负责一般任务计算，而 GPU 则负责专门浮点计算，这样就可以解决未来 CPU 发展的性能瓶颈。为此，通用 CPU-GPU 计算构架被一致看好，但实现两者的整合有两个途径：CPU 整合 GPU，或 GPU 集成 CPU。就目前的情况来看，尽管 PCI-E 总线的带宽虽高，但始终未能满足 CPU 与 GPU 之间频繁的数据交换工作，加上 GPU 受 PCI-E 总线的限制，GPU 集成 CPU 还不够成熟，CPU 整合 GPU 才是最终出路，由于 CPU 通用处理器的设计，令它得以应付日常生活形形色色的工作，所以它与 GPU 的关系是并存的。

整合的车轮已经开始转动，抛开仍有待解决的问题不谈，不论是 Intel 还是 AMD 的方案都涉及整个 PC 架构的变化，可谓是牵一发而动全身。

CPU 与 GPU 都是由晶体管组成的，而且 CPU 以后都是向着双核/多核的道路发展，制程方面也向着更精细的工艺前进，GPU 似乎比 CPU 更容易并行。现在的显卡天生就是多核的，而且一块卡上处理单元并不是两三个而是几十个甚至上百个，这样的硬件架构似乎就是为并行而生的，CPU 与 GPU 整合在一起可以更充分地利用好各自的资源，无论是进行非游戏运算，还是 3D 游戏运算，两者都可以拥有最高的效率，同时也可以把兼容性提升到一个更高的档次。

5. 显卡的选购

在各种计算机配件中，显卡无疑是最受关注的产品之一，因为显卡的性能直接影响到 3D 游戏的运行效能。如果所钟爱的游戏无法流畅地跑起来，很多情况下意味着需要考虑升级显卡了——而且升级显卡也远比主板、CPU 要方便得多。

顶级显卡很容易辨认，它应该具有大容量显存和速度很快的处理器。此外，与其他任何要安装到计算机机箱中的部件相比，它通常是最令人关注的。很多高性能显卡都配备了外形夸张的风扇或散热器。但高端显卡提供的功能超出了大多数人的真实需要。对于主要使用计算机来收发电子邮件、从事文字处理或上网冲浪的用户来说，带有集成显卡的主板便能够提供所有必要的图形功能。对于大多数偶尔玩游戏的用户来说，中端独立显卡已经足以满足需要。只有游戏发烧友和那些需要完成大量三维图形工作的用户才需要独立高端显卡。

（1）GPU 才是关键，认清版本型号

不可否认显存很重要，但显卡的核心是 GPU，就如同人体的大脑和心脏。看到一款显卡时，第一个要知道的也就是其 GPU 类型。不过要关注的不仅仅是 nVIDIA GeForce 或者 AMDRadeon，还有型号后边的 GTX、GT、GS、LE、XTX、XT、XL、Pro、GTO 等后缀，因为它们代表了不同的频率或者管线规格。另外还需要注意除了 nVIDIA/AMD 官方的显卡后缀之外，许多显卡厂商可能会自行更改显卡命名，比如影驰的 7600GE。

（2）不要盲目"烧钱"，而是要考虑性能

最新的高端显卡价格都在 4 000 元以上，但在 2 000 元的价位，也有很多高性能显卡，而且往往是性价比最高的。高端产品的确能给你带来最好的性能，但也会花去太多的费用，如果仔细对比性能会发现多花一倍的钱可能只能换回来 50% 不到的性能。所以除非是发烧友，否则没必要购买顶级显卡，次高端显卡已经很强了。

（3）不要迷信显存容量

大容量显存对高分辨率、高画质设定游戏来说是非常必要的，但绝非任何时候都是显存容量越大越好。给 Radeon X700 或者 GeForce 6600 配备 512 MB 显存就像给普通轿车装备一个 25 L 油箱一样，只能显得不伦不类。很多时候，大容量显存只能在规格表上炫耀一番，在实际应用环境中多余的显存不会带来任何好处。

（4）散热可以人为控制，功率需要注意电源

显卡性能不断提升的代价就是需要越来越强劲的电源供应，显卡配备单独的电源供应模块已经稀松平常，显卡专用电源也已经推出。中高端显卡一般需要 500 W 或更高功率的电源，而 SLI 和 CrossFire 等双卡并行则推荐 600 W 以上的电源。所以大家在关注显卡发热、散热的同时，功率也是不容忽视的一个方面，如果买了新显卡但总出现一些莫名其妙黑屏或不稳定的问题，那可能是电源不适合的原因。

（5）双核心、SLI 和 CrossFire

nVIDIA 在 2004 年率先推出了 SLI，ATI 也在 2005 年以 CrossFire 跟进。两者都需要合适的主板、高质的内存、强劲的电源、相应的软件才能带来超高的性能，当然同时也需要不少开销。随着时间的推移双卡互联技术已经相当成熟，两块中端显卡的性价比甚至要强于单块高端显卡，所以 SLI/CrossFire 双卡是高端用户的又一种选择。

而在 SLI 逐渐推广之后，nVIDIA 最近又推出了 Quad SLI，不过尚处于初期阶段，目前还不够成熟，不过双核心的 Geforce 7950GX2 无论性能、兼容性还是易用性都非常出色，是发烧玩家很好的选择。

（6）任何时候都是购买显卡的好时机

nVIDIA 与 AMD（ATI）激烈竞争的后果就是每隔 12～18 个月就能看到全新的显卡系列，同时伴随着一批旧品的淘汰，生产商也不断提供越来越多的功能和特性，不过任何新技术的推广都需要时间，也要认清自己的实际需要，像 H.264 高清视频加速或者 ShaderModel 3.0 等并不是每个人都必须得到的。

另一方面，任何产品终究都要被淘汰，所以一味担心跟不上潮流的态度并不值得肯定，任何时候都会有适合自己（所玩游戏）的一款产品，而且在购买之后的很长一段时间内，它都能满足绝大部分的需要。

任务八　认识液晶显示器

任务描述

当今社会科技越发展的越来越快，人们对各种事物的要求也越来越高，不仅看重物体的实用性，更加看重其外在的美观。显示器作为计算机不可缺少的一部分，使得人们对它的要求变得更高，不仅要画质清晰细腻，而且美丽的外观也必不可少。但随之也会遇到各种大小不一的问题，例如显示器越来越模糊，画面也变得不清晰，还有很多的坏点。到底为什么会出现这样的问题呢，这值得我们去思考。

任务分析

显示器变得很模糊，画质不清晰，出现坏点，这些问题都是我们日常常见的，但可能很多的人都不清楚引发这些问题的原因。原因无非是这几种：首先是因为没有经常清理显示器表面的灰尘，影响其显示效果；然后就是因为显示器附近空气湿度比较大，使得显示器里面有水气，从而导致画面模糊；最后的可能就是因为显示器使用时间过长，导致其性能下降。

任务实施

为了避免出现不必要的问题，我们就要学会如何维护显示器。在显示器使用过一段时间后，就要定期地对显示器进行清理，用清洁工具清理液晶显示器屏幕，清理吸附在上面的灰尘颗粒。尽量不要在显示器附近喝开水，否则水蒸气会随着空气进入到显示器内部，会对其内部元件产生损伤。更不要在温度过高的地方使用。

如果是因为显示器使用时间过长，才导致显示器出现问题的话，就要更换一台好的显示器。我们可以通过互联网登录到太平洋计算机网（http://www.pconline.com.cn）查询液晶显示器的相关资讯，报价等相关信息。

相关知识

1. 液晶显示器简介

液晶显示器（Liquid Crystal Display，LCD）如图 6-6 所示，为平面超薄的显示设备，它由一定数量的彩色或黑白像素组成，放置于光源或者反射面前方。液晶显示器功耗很低，因此倍受工程师的青睐。它的主要原理是以电流刺激液晶分子产生点、线、面配合背部灯管构成画面。

图 6-6　液晶显示器

2. 液晶显示器的发展历程

液晶显示器自诞生起，其技术在众多厂商的大力推动下，以极快的速度向前发展。从液晶显示器技术发展的历程上来看，主要经历了 4 个发展阶段：

（1）动态散射液晶显示器时代（1968—1972 年）

1968 年美国 RCA 公司研制成功世界上第一块液晶显示器——动态散射（DSM）液晶显示器。1971—1972 年制造出采用 DSM 液晶的手表，标志着 LCD 技术进入实用化阶段。

（2）扭曲向列型液晶显示器时代（1971—1984 年）

1971 年瑞士人发明了扭曲向列型（TN）液晶显示器，日本厂家使 TN-LCD 技术逐步成熟，又因制造成本和价格低廉，使其在 20 世纪七八十年代得以大量生产，从而成为主流产品。

（3）超扭曲液晶显示器时代（1985—1990 年）

1985 年后，由于超扭曲液晶显示器的发明及非晶硅薄膜晶体管（a-SiTFT）液晶显示技术的突破，LCD 技术进入了大容量化的新阶段，使便携计算机和液晶电视等新产品得以开发并迅速商品化，LCD 市场需求量也开始大幅度增长。

（4）薄膜晶体管液晶显示器时代（1990 年以后）

进入 20 世纪 90 年代，LCD 技术发展开始进入高画质彩色图像显示的新阶段，TFT-LCD 技术的进步，极大地促进了计算机技术的发展。如今 TFT-LCD 已成为 LCD 发展的主要方向，今后它在 LCD 中所占的比重将会越来越大。目前这种技术已经被广泛采用并大量投入生产，而且这种技术将会有长远的市场前景和发展潜力。

近年来，随着人们绿色、环保、健康意识的不断增强，LCD（液晶）显示器以其低功耗、低辐射等优点受到了用户的关注。此外，LCD 显示器生产技术的逐渐成熟，以及生产成本不断下降，都促使 LCD 取代 CRT 显示器，成为显示器市场中的主流产品类型。

3. LCD 相对 CRT 的优势

（1）辐射小、环保、节能

LCD 显示器不使用电子枪轰击方式来成像，因此它完全没有辐射危害，对人体安全；同时 LCD 显示器不闪烁、颜色失真近乎为零；而且 LCD 显示器具有工作电压低、功耗小、重量轻、体积小等优点，而这些优点都是 CRT 显示器所无法实现的。

（2）产品结构与体积

一般而言，LCD 显示器的深度（不论尺寸）多控制在 20 cm 以内。而 CRT 显示器的尺寸越大，体积越大。传统显示器由于使用 CRT，必须通过电子枪发射电子束到屏幕，因而显像管的管颈不能做得很短，当屏幕增加时也必然增大整个显示器的体积。

TFT 液晶显示器通过显示屏上的电极控制液晶分子状态来达到显示目的，即使屏幕加大，它的体积也不会成正比地增加，而且在重量上比相同显示面积的传统显示器要轻得多。

（3）辐射和电磁波干扰

传统显示器由于采用电子枪发射电子束，打到屏幕上会产生辐射源，尽管现有产品在技术上已有了很大的提高，把辐射损害不断降低，但仍然是无法根治的。

在这一点上，TFT 液晶显示器具有先天的优势，它根本没有辐射可言。至于电磁波的干扰，TFT 液晶显示器只有来自驱动电路的少量电磁波，只要将外壳严格密封即可排除电磁波外泄。而传统显示器为了更好地散热，将外壳钻上了散热孔，虽然达到了散热效果，但却不可避免地受到了电磁波干扰。

（4）平面直角和分辨率

传统显示器一直在使用球面管，尽管现有技术和发展逐渐在向平面直角的产品过渡，但发展仍不能尽如人意。而 TFT 液晶显示器一开始就使用纯平面的玻璃板，其平面直角的显示效果比传统显示器看起来好得多。在分辨率上，TFT 液晶显示器理论上可提供更高的分辨率，但实际显示效果却差得多。但传统显示器在显卡的支持下，可以达到更好的显示效果。

（5）显示品质

传统显示器的显示屏幕采用荧光粉，通过电子束打击荧光粉而显示图像，因而显示的明亮度比液晶的透光式显示更为明亮，在可视角度上也比 TFT 液晶显示器要好得多。而在显示反应速度上，传统显示器由于技术上的优势，反应速度很好。同样，TFT 液晶显示器因其特有的显示特性，反应速度也很不错。

4．工作原理

液晶是这样一种有机化合物，在常温条件下，呈现出既有液体的流动性，又有晶体的光学各向异性，因而称为"液晶"。在电场、磁场、温度、应力等外部条件的影响下，其分子容易发生再排列，使液晶的各种光学性质随之发生变化，液晶这种各向异性及其分子排列易受外加电场、磁场的控制。正是利用这一液晶的物理基础，即液晶的"电－光效应"，实现光被电信号调制，从而制成液晶显示器件。在不同电流电场的作用下，液晶分子会做规则旋转 90° 排列，产生透光度的差别，因此在电源 ON/OFF 下产生明暗的区别，依此原理控制每个像素，便可构成所需图像，如图 6-7 所示。

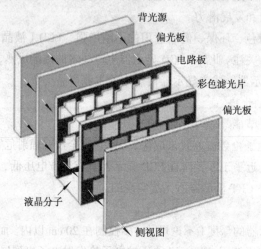

图 6-7　原理剖析

5．液晶显示器选购标准

掌握 LCD 的技术参数有助于我们挑选显示器，那么简要说明一些重要的技术参数，以利于读者进一步了解 LCD。

（1）分辨率

液晶显示器的分辨率是用来表示它可以显示的点的数目，LCD 是通过液晶像素实现显示的，但由于液晶像素的数目和位置都是固定不变的，所以液晶只有在标准分辨率下才能实现最佳显示效果。LCD 显示器的真实分辨率根据 LCD 的面板尺寸而定，15 in 的真实分辨率为 1 024×768，19 in 为 1 280×1 024。大家在购买时一定要在标准分辨率下试用机器。

（2）响应时间

响应时间是 LCD 的一个重要指标，它是指各像素点对输入信号反应的速度，即像素由暗转亮或由亮转暗的速度，其单位是毫秒（ms），响应时间是越小越好，如果响应时间过长，在显示动态影像（特别是在看看 DVD、玩游戏）时，就会产生较严重的"拖尾"现象。目前大多数 LCD 显示器的响应速度都在 28 ms 左右，如明基、三星等一些高端产品反应速度以达到 2 ms，甚至现在出现了 1 ms 的液晶显示器。

（3）可视角度

可视角度也是 LCD 非常重要的一个参数，是指用户可以从不同的方向清晰地观察屏幕上所有内容的角度。由于提供 LCD 显示的光源经折射和反射后输出时已有一定的方向性，在超出这一范围观看就会产生色彩失真现象，换句通俗的话说就是：坐在 LCD 前面左右两方面 70° 都可以清晰地看到图像。目前市场上出售的 LCD 的可视角度都是左右对称的，但上下就不一定对称了，常常是上下角度小于左右角度。但是随着现在 LCD 技术的不断提高，现在很多液晶都已具备 160° 的可视角度，按这样的发展趋势，这一指标将失去其意义。

（4）对比度

显示器的对比度是这样定义的——在暗室中，白色画面下的亮度除以黑色画面下的亮度，因此白色越亮、黑色越暗，则对比值越高。一般 LCD 的规格书上都会写出它的对比值，但是这个值通常只能参考，因为面板厂商为了保护自己，有一些规格值会写得很保守，对比就是其中一项。比如说，某机种的对比值明明可以做到 300∶1，但是规格书写的是常规 200∶1，最小 150∶1，这是为了量产时万一出现问题导致黑色漏光对比下降，该批货仍可以正常出货。

（5）信号输入接口

LCD 显示器一般都使用两种信号输入方式：传统模拟 VGA 的 15 针状 D 型接口（15 Pin D-Sub）和 DVI 输入接口。我们知道 LCD 是采用数字式的工作原理。为了适合主流的带模拟接口的显示卡，大多数 LCD 均提供模拟接口，然后在显示器内部将来自显卡的模拟信号转换为数字信号。由于在信号进行数模转换的过程中，会有若干信息损失，因而显示出来的画面字体可能有模糊、抖动、色偏等现象发生；使用数字信号来传输则完全没有这些的缺点。因此，在一些中高端 LCD 显示器中就提供了 15 Pin D-Sub 和 DVI 双接口，而且现在拥有 DVI 和 VGA 接口的显卡比比皆是，建议最好选用 DVI 接口的 LCD。

（6）坏点

所谓坏点，是指液晶显示器屏幕上无法控制的恒亮或恒暗的点。坏点的造成是液晶面板生产时因各种因素造成的瑕疵，如可能是某些细小微粒落在面板里面，也可能是静电伤害破坏面板，还有可能是制程控制不良等。

坏点分为两种：亮点与暗点。亮点就是在任何画面下恒亮的点，切换到黑色画面就可以发现；暗点就是在任何画面下恒暗的点，切换到白色画面就可以发现。

一般来说，亮点会比暗点更令人无法接受，所以很多显示器厂商会保证无亮点，但比较少保证无暗点的。有些面板厂商会在出货前把亮点修成暗点，另外某些种类的面板只可能有暗点不可能有亮点，例如 MVA、IPS 的液晶面板。

一般来说，A 级 LCD 面板的亮点数会限制在 3 个以下，在选购时建议要仔细鉴别。

（7）分辨率与显示器大小

LCD 液晶显示器广泛应用于工业控制中，尤其是一些机器的人机、复杂控制设备的面板、医疗器械的显示等。我国常用于工业控制及仪器仪表中的的 LCD 的分辨率为 320×240，640×480，800×600，1 024×768 及以上，常用的大小有 3.9 英寸、4.0 英寸、5.0 英寸、5.5 英寸、5.6 英寸、5.7 英寸、6.0 英寸、6.5 英寸、7.3 英寸、7.5 英寸、10.0 英寸、10.4 英寸、12.3 英寸、15 英寸、17 英寸、20 英寸，甚至现在的 50 英寸等。颜色有黑白、伪彩、512 色、16 位色、24 位色等。

一些用户往往把分辨率和点距混为一谈，其实，这是两个截然不同的概念。分辨率通常用水平像素点与垂直像素点的乘积来表示，像素数越多，其分辨率就越高。因此，分辨率通常是以像素数来计量的，如 640×480 的分辨率，其像素数为 307 200（640 为水平像素数，480 为垂直像素数）。

由于在图形环境中，高分辨率能有效地收缩屏幕图像，因此，在屏幕尺寸不变的情况下，其分辨率不能越过它的最大合理限度，否则就失去了意义。

LCD 的尺寸是指液晶面板的对角线尺寸，以英寸单位（1 英寸=2.54 cm），现在主流的有 14 英寸、15 英寸、17 英寸、21 英寸、24 英寸等。显示器大小及对应的分辨率如表 6-1 所示。

表6-1　显示器大小及分辨率

显示器大小	最大分辨率
14 英寸	1024 × 768
15 英寸	1280 × 1024
17 英寸	1600 × 1280
21 英寸	1600 × 1280
24 英寸	1920 × 1080（全高清）

小常识

分辨率参考指数：

16：10 比例的 28、27、26（25.5）与 24 in 宽屏液晶显示器的最佳分辨率是 1 920×1 200。

16：10 比例的 22（21.6）与 20（20.1）in 宽屏液晶显示器的最佳分辨率是 1 680×1 050。

16：10 比例的 19（18.5）与 17 in 宽屏液晶显示器的最佳分辨率是 1 440×900。

16：10 比例的 14、13、12（12.1）in 宽屏液晶显示器（多为笔记本式计算机屏幕）的最佳分辨率是 1 280×800。

16：9 比例的 46、25.5 与 24 in 宽屏液晶显示器的最佳分辨率是 1 920×1 200。

16：9 比例的 23 与 22（21.5）in 宽屏液晶显示器的最佳分辨率是 1 920×1 080。

16：9 比例的 32 与 26 in 宽屏液晶显示器的最佳分辨率是 1 366×768。

16：9 比例的 19（18.5）与 16（15.6）in 宽屏液晶显示器的最佳分辨率是 1 366×768。

课 后 习 题

一、填空题

1. 目前流行的显卡的接口类型是_____。

2. CRT 的中文含义是_____，LCD 的中文含义是_____。

3. 目前常见的显示器模拟接口有_____、数字接口有_____。

二、选择题

1. 某用户购买了一台 15 英寸 CRT 显示器，但在测量屏幕的对角线时只有 13.8 英寸，原因可能是（　　）。

    A. 用户购买的实际为 14 寸显示器　　B. 属于正常现象

    C. 不能确定　　D. 显示器质量不合格

2. 显示器稳定工作（基本消除闪烁）的最低刷新频率是（　　　）。

　　A．60 Hz　　　　　　B．65 Hz　　　　　　C．70 Hz　　　　　　D．75 Hz

3. 如果要在分辨率为 1 024×768 下达到 16 位色深，则最少需要（　　　）MB 的显存。

　　A．1　　　　　　　　B．2　　　　　　　　C．3　　　　　　　　D．4

4. 显示器的技术指标不包括（　　　）。

　　A．点距　　　　　　B．最高分辨率　　　C．显存大小　　　D．带宽

三、操作题

写出图 6-8 中显卡后面各数字所对应的组件的名称，填入表格对应的单元格中。

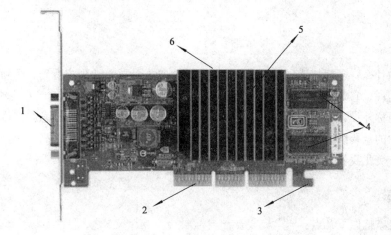

图 6-8　显卡

序　号	名　称	序　号	名　称
1		4	
2		5	
3		6	

单元 ⑦
多媒体和外围设备

引 言

多媒体能做什么？多媒体能展示信息、交流思想和抒发情感，让用户看到、听到和理解他人的思想，也就是说，它是一种通讯的方式。

外围设备简称外设，是指连在计算机主机以外的硬件设备。对数据和信息起着传输的作用，是计算机系统中的重要组成部分。好的外设不仅能让我们的工作效率成倍提高，而且能装饰我们的个人计算机，美化我们的生活空间。

学习目标

本单元需要掌握以下几点：

- 声卡
- 鼠标
- 键盘
- 机箱
- 电源
- 外设的选购策略

任务九　多媒体与外设

任务描述

使用计算机不仅可以上网玩游戏，还可以一边听歌一边浏览网页。但也会出现计算机突然没声了；在上网聊天时，键盘上的某个按键突然失灵了，按了很多次都没反应；在玩游戏时，鼠标突然失灵了。为什么会出现这些问题呢？

任务分析

计算机没声了，很明显是声卡的原因，计算机里只有声卡这个硬件是控制声音的。首先可能的是声卡没装驱动，然后就是声卡自身的原因——可能坏了。而其他问题都是一些外围设备所引起的，键盘、鼠标这些都是日常需要的外围设备。之所以会出现问题，可能是平时对它们缺少爱护，导致它们经常出现各种各样的小问题；其次是产品的质量太差，不耐用，因此没用多久就会出现问题。

任务实施

为了避免上述问题的发生，我们需要做到以下几点：首先，在购买设备时一定要购买正规商品，那些劣质商品的使用寿命非常短，会时不时地出现某种问题，所以在购买时一定要考虑清楚。购买前可以在网上查询相关资料、产品报价、性能参数等，以便购买时不会被商家所骗，从而购买到合适的产品；然后就是平时使用这些外围设备时要注意保护，不要因为情绪不好而拍键盘，砸鼠标，这些东西都是比较容易损坏的设备。

相关知识

1. 声卡

声卡（见图 7-1）又称音频卡，是多媒体技术中最基本的组成部分，是实现声波/数字信号相互转换的一种硬件。声卡的基本功能是把来自话筒、光盘的原始声音信号加以转换，输出到耳机、扬声器、扩音机、录音机等声响设备。

图 7-1 声卡

1）工作原理

声卡从话筒中获取声音模拟信号，通过模数转换器（ADC），将声波振幅信号采样转换成一串数字信号，存储到计算机中。重放时，这些数字信号送到数模转换器（DAC），以同样的采样速度还原为模拟波形，放大后送到扬声器发声，这一技术称为脉冲编码调制技术（PCM）。

2）基本结构

声卡由各种电子元器件和连接器组成。电子元器件用来完成各种特定的功能。连接器一般有插座和圆形插孔两种，用来连接输入输出信号。

（1）声音控制芯片

声音控制芯片是把从输入设备中获取的声音模拟信号，通过模数转换器，将声波信号转换成一串数字信号，采样存储到计算机中。重放时，这些数字信号送到一个数模转换器还原为模拟波形，放大后送到扬声器发声。

（2）声卡接口

一般声卡外接部分有 3～4 个圆形插孔和一个 15 针的连接器。线性输出插口可以连接有源音箱或外接放大器进行音频输出；线性输入插口用于连接盒式录音机、MD 播放机进行录音或播放，实现将录音机或其他设备的声音转变为数字信号，并在计算机中进一步制作和修改；话筒输入插口用于连接麦克风进行外部声音的输入。4 个插孔的声卡增加了一个 Speaker 插口，它是 4 插孔与 3 插孔声卡的区别之处，用于连接无源音箱或者耳机。但对于 3 插孔声卡而言，其中线性输出插口也能连接这些设备。

MIDI/游戏杆连接器是多插针接口，在声卡上注明为 MIDI/GAM，一般用于连接如 MIDI 键盘或游戏操纵杆等设备。如果具备 MIDI 套件，则可同时接入两个设备。

（3）FM 合成芯片

低档声卡一般采用 FM 合成声音，以降低成本。FM 合成芯片的作用就是用来产生合成声音。

（4）声道数

声卡所支持的声道数也是技术发展的重要标志，包括单声道、立体声、准立体声、四声道环绕、5.1 声道。

3）性能指标

（1）声卡采样的精度

声卡采样的精度有 8 位和 16 位两种。16 位声卡比 8 位声卡声音保真度更高。计算机对到来的声波进行量化时，有一个精确程度的问题。当它用 8 位声卡录音时，可以把声音分为 256 种不同的尺寸。但当它使用 16 位声卡时，可把声音分成 65 536 种尺寸。当然，精度越高，它所录制的声音质量也就更好。

（2）声卡的最高采样频率

采样频率指每秒钟采集信号的次数，声卡一般采用 11 kHz、22 kHz 和 44 kHz 的采样频率，频率越高，失真越小。在录音时，文件大小与采样精度、采样频率和单双声道都是成正比的，如双声道是单声道的两倍，16 位是 8 位的两倍，22 kHz 是 11 kHz 的两倍。

CD 光盘采用 16 位的采样精度，44.1 kHz 的采样频率，为双声道，它每秒所需要的数据量为 $16 \times 44\,100 \times 2 \div 8 = 176\,400$ 字节（在 CD 中，每个扇区有 2 352 字节，每秒 75 扇区，$2\,352 \times 75 = 176\,400$ 字节）。

最早的声卡生产厂家有 AdLib 公司和创新公司，这两种声卡实际上已成为声卡的标准，大部分的声卡都与它们兼容。

现在市场上已经开始流行 PCI 声卡，需要注意的是，许多 PCI 声卡标称的 32 位/64 位并不是指它们的声音采样的位数是 32/64 位，而是指它们的最大复音数是 32/64 个，也就是在利用波表合成器播放 MIDI 时，最大可同时发音数是 32 或者 64 个，这只在播放 MIDI 时有效，而声卡采样精度仍然是 16 位，专业的高档数字录音器采样精度也只能达到 20 位。

（3）是否采用了数字信号处理器

数字信号处理器（Digital Signal Processor，DSP）是一块单独的专用于处理声音的处理器。带 DSP 的声卡要比不带 DSP 的声卡快得多，也可以提供更好的音质和更高的速度，不带 DSP 的声卡要依赖 CPU 完成所有的工作，这不仅降低了计算机的速度也使音质减色不少。

（4）有无内置混音芯片及功放

声卡中有内置混音芯片可完成对各种声音进行混合与调节，具有功率放大器，才可以在无源音箱中放音。

2. 鼠标

鼠标（见图 7-2）是计算机输入设备的简称，全称是显示系统纵横位置指示器，分有线和无线两种。也是计算机显示系统纵横坐标定位的指示器，因形似老鼠而得名"鼠标"。但"鼠标"的标准称呼应该是"鼠标器"，鼠标的使用是为了使计算机的操作更加简便，从而代替键盘烦琐的指令。

图 7-2　鼠标

1）工作原理

机械鼠标主要由滚球、辊柱和光栅信号传感器组成。拖动鼠标时，带动滚球转动，滚球又带动辊柱转动，装在辊柱端部的光栅信号传感器产生的光电脉冲信号反映出鼠标器在垂直和水平方向的位移变化，再通过计算机程序的处理和转换来控制屏幕上光标箭头的移动。光电鼠标器是通过检测鼠标器的位移，将位移信号转换为电脉冲信号，再通过程序的处理和转换来控制屏幕上鼠标箭头的移动。光电鼠标用光电传感器代替了滚球。

2）鼠标的分类

鼠标按接口类型可分为串行鼠标、PS/2 鼠标、USB 鼠标（多为光电鼠标）3 种。串行鼠标是通过串行口与计算机相连，有 9 针接口和 25 针接口两种；PS/2 鼠标通过一个 6 针微型 DIN 接口与计算机相连，与键盘的接口非常相似，使用时注意区分；USB 鼠标通过一个 USB 接口，直接插在计算机的 USB 口上。内部结构的不同可以分为机械式和光电式。鼠标还可按键数分为两键鼠标、三键鼠标、五键鼠标和新型的多键鼠标。两键鼠标和三键鼠标的左右按键功能完全一致，一般情况下，我们很少使用三键鼠标的中间按键，但在使用某些特殊软件时，这个键也会起一些作用。例如在 AutoCAD 软件中就可利用中键快速启动常用命令，成倍提高工作效率。五键鼠标多用于游戏，4 键前进，5 键后退，另外还可以设置为快捷键。多键鼠标是新一代的多功能鼠标，如有的鼠标上带有滚轮，大大方便了上下翻页，进一步简化了操作程序。

3）鼠标的主要性能指标

（1）分辨率

DPI（每英寸点数）值越大，鼠标越灵敏，定位也越精确。机械鼠标比光电鼠标的 DPI 值大，所以机械鼠标同样灵敏，定位精确。不过 DPI 值也不一定越大越好，有时画一些精细的图时，稍微移动就有跑掉的感觉，DPI 值小一些反而画起来比较稳。而且机械鼠标技术也已成熟，从体积上看，由于没有光栅板，相对小一些，成本低，所以价格便宜一些，机械鼠标存在着机械球弄脏后影响内部光栅盘运动的问题，光电鼠标也存在光栅板弄脏或磨损后不能准确读取光栅信息的问题。因此，光电鼠标一定比机械鼠标好的说法并不一定有充分的道理。多数鼠标的故障是按钮等电路故障，与是机械鼠标还是光电鼠标没有什么关系。

（2）使用寿命

一般来说，光电式鼠标比机械式鼠标寿命长，而且机械式鼠标由于在使用时存在着机械球弄脏后影响内部光栅盘运动的问题，经常需要清理，使用起来也麻烦些。

（3）响应速度

鼠标响应速度越快，意味着在快速移动鼠标时，屏幕上的光标能做出及时的反应。

这里要专门提到的是诸如 2D、3D、4D 的鼠标。它集成了多键和滚轮技术，不论是从事文字工作还是玩 3D 游戏，都要经常翻页或查找，必须频繁移动鼠标去拖动卷动轴，如果使用带滚轮的 3D 或 4D 鼠标，这些工作就可以通过转动滚轮来完成，操作非常便捷。

3. 键盘

键盘（见图 7-3）是最常见的计算机输入设备，它广泛应用于微型计算机和各种终端设备上。计算机操作者通过键盘向计算机输入各种指令、数据，指挥计算机的工作。计算机的运行情况输出到显示器，操作者可以很方便地利用键盘和显示器与计算机对话，对程序进行修改、编辑，控制和观察计算机的运行。

图 7-3　键盘

（1）键盘的分类

键盘的种类很多，一般情况下，不同型号的计算机键盘提供的按键数目也不尽相同，因此根据按键的数目可以判断得出这个键盘是什么时代出产的。键盘一共可以划分为 84 键、93 键、96 键、101 键、104 键、107 键等几类。101 键以下的键盘都是在 1995 年前生产的。104 键键盘的出现是在微软发布 Windows 95 之后生产的，它比普通 101 键盘多了两个用于 Windows 的功能键和一个可用来弹出右键菜单的功能键。在 Windows 98 发布后，市场上又出现了一种 107 键键盘，这种键盘被称为 Windows 98 键盘，与 104 键盘相比它增加了 3 个键：Wake Up、Sleep 和 Power，对计算机的键盘而言，尽管是按键数目有差异，但按键的布局并没有改变，主要分为 5 个区域，即标准字符键区、编辑键区、功能键区、数字键盘区和特殊键区。

PS/2 接口的键盘是目前的主流设备，因为目前的 ATX 结构主板都提供这种键盘接口。但是老的 AT 接口键盘可通过一个转接口连接在 PS/2 接口上，反之 PS/2 键盘也可以通过另一种接口连接在 AT 接口上，老 AT 接口又称大口，新型的 PS/2 接口则称为小口键盘，一般老的机器为大口类型，现在的机器为小口类型，而且大口键盘和小口键盘都可以通过转接口互相使用。但是如果使用的是 107 键盘，这种连接会失去 Wake Up、Sleep 和 Power 3 个功能键的作用。

（2）键盘的外形

键盘的外形分为标准键盘和人体工程学键盘。人体工程学键盘是在标准键盘上将指法规定的左手键区和右手键区这两大板块左右分开，并形成一定角度，使操作者不必有意识的夹紧双臂，保持一种比较自然的形态，这种设计的键盘被微软公司命名为自然键盘（Natural Keyboard），对于习惯盲打的用户可以有效减少左右手键区的误击率，如字母 G 和 H。有的人体工程学键盘还有意加大常用键如空格键和回车键的面积，在键盘的下部增加护手托板，给悬空手腕以支持点，减少由于手腕长期悬空导致的疲劳。这些都可以视为人性化的设计。

（3）键盘的外壳

目前台式 PC 的键盘都采用活动式键盘，键盘作为一个独立的输入部件，具有自己的外壳。键盘面板根据档次采用不同的塑料压制而成，部分优质键盘的底部采用较厚的钢板以增加键盘的质感和刚性，不过这样一来无疑又增加了成本，所以不少廉价键盘直接采用塑料底座的设计。外壳为了适应不同用户的需要，键盘的底部设有折叠的支持脚，展开支撑脚可以使键盘保持一定的倾斜度，不同的键盘会提供单段、双段甚至三段的角度调整。

4. 机箱

机箱（见图 7-4）作为计算机配件中的一部分，可放置和固定各计算机配件，起到承托和保护作用，此外，计算机机箱具有电磁辐射的屏蔽的重要作用，由于机箱不像 CPU、显卡、主板等配件能迅速提高整机性能，所以在 DIY 中一直不被列为重点考虑对象。

图 7-4 机箱

（1）机箱的构造

机箱是计算机主要配件的载体，其主要功能有 3 项：一是固定和保护计算机配件，将零散的计算机配件组装成一个有机的整体；二是具有防尘和散热的功能；三是具有屏蔽计算机内部元器件产生的电磁波辐射，防止对室内其他电器设备的干扰，并保护人的身体健康的功能。

（2）机箱的分类

从外形上看，机箱可分为卧式和立式两种；从结构上看，机箱可分为 AT 型和 ATX 型等。

（3）机箱的结构

机箱的内部有各种框架，可安装和固定主板、电源、接口卡以及磁盘驱动器等部件。

从外面看，机箱的正面是面板，包含各种指示灯、开关与按钮，一般机箱最少都要有电源开关、复位（Reset）按钮等，指示灯有电源灯、硬盘驱动器指示灯等。

机箱背面有各种接口，用来接键盘、计算机的电源线、显示器电源线等。

5. 电源

电源（见图 7-5）是把 220 V 交流电，转换成直流电，并专门为计算机配件如主板、驱动器、显卡等供电的设备，是计算机各部件供电的枢纽，是计算机的重要组成部分。目前 PC 电源大都是开关型电源。

1）电源分类

（1）AT 电源

图 7-5 电源

AT 电源的功率一般为 150 W～200 W，共有 4 路输出（±5 V、±12 V），另向主板提供一个 PG（脉冲门）信号。输出线为两个 6 芯插座和几个 4 芯插头。两个 6 芯插座给主板供电。AT 电源采用切断交流电网的方式关机，从 286 到 586 计算机一般都采用 AT 电源。

（2）ATX 电源

Intel 公司 1997 年 2 月推出 ATX 2.01 电源标准。与 AT 电源相比，其外形尺寸没有变化。主要是增加了+3.3 V 和+5 V StandBy 两路输出和一个 PS–ON 信号，输出线改用一个 20 芯线给主板供电。随着 CPU 工作频率的不断提高，为了降低 CPU 的功耗以减少发热量，需要降低芯片的工作电压，所以，电源直接提供 3.3 V 输出电压成为必要。+5 V StandBy 也叫辅助+5 V，只要插上 220 V 交流电就有这种电压输出。PS–ON 信号是主板向电源提供的电平信号，低电平时电源启动，高电平时电源关闭。利用辅助+5 V 和 PS–ON 信号，可以实现软件开关机器、键盘开机、网络唤醒等功能。辅助+5 V 始终是工作的。

（3）Micro ATX 电源

Micro ATX 是 Intel 公司在 ATX 电源之后推出的标准，主要目的是降低成本。与 ATX 的显著不同是体积和功率减小了。ATX 的体积是 150 mm×140 mm×86 mm，Micro ATX 的体积是 125 mm×100 mm×63.51 mm。ATX 的功率在 220 W 左右，Micro ATX 的功率是 90 W～145 W。

2）AT 电源与 ATX 电源的区别

AT 电源与 AT 主机板及 AT 机箱配合使用，随着 AT 主板的逐渐淘汰，AT 电源也将随之消失。ATX 电源和 AT 电源之间有着本质的差别，主要有以下几点：

（1）AT 电源的输出功率一般在 150 W～250 W 之间，有 4 路直流电压输出，其中包括+5 V、–5 V、+12 V 和–12 V，此外，还向主机板提供一个 PG（Power Good，电源好）信号，只有当 PG 信号有效时，系统才能正常启动。电源输出线包括两个 6 芯插座和 5、6 个 4 芯插头。6 芯插座为主机板提供电能。4 芯插头为软硬盘和光驱等设备提供电能。

（2）电源提供的主板电源线不同，AT 结构的 6 芯 P8 和 P9 分离式电源插头在 ATX 结构中被一个 20 芯的双列插头所代替，并带有反插保护，可以有效地防止错插或误插电源接线对主板带来毁灭性的打击。

（3）输出电压不同，ATX 电源输出电压组在 AT 电源的正负 12 V 和 5 V 外还提供了一路+3.3 V 电压输出，直接为部分 3.3 V 的设备供电。

（4）ATX 电源对整体电源控制较 AT 电源也有所不同，在 AT 电源中少不了电源开关的黑粗线，直接物理控制电源交流电的通断，而在 ATX 电源中却去除了这根粗线，机箱面板上的电源开关直接到主板的 Power Switch 引出针上，这一设计实现了计算机的软关机，ATX 系统在 Windows 中屏幕出现"现在您可以安全地关闭计算机了"时，ATX 电源会自动切断对主板的供电，同时关闭自身绝大部分电路的工作，等待主机的 Power 键再次发出启动的信号，不像 AT 电源每次开关都要按动 Power 键。也就是 AT 电源的关机方式是采用切断交流电的方法，所以在关机时，不能实现软件关机，只能关闭计算机的开关。

（5）ATX 电源内部风扇的风向依照不同的版本也有所不同。而所有的 AT 结构电源内置的风扇都采取将电源内部的热空气向外抽的方法。

6．外设的选购策略

1）声卡的选购

如今的国内声卡市场可以说是精彩纷呈，竞争激烈，各声卡生产商根据自己的产品特点实施不同的市场营销策略，提供不同定位的产品，这给广大的计算机用户提供了更多的选择。其实随着声卡技术的发展，新型声卡的不断推出，过去被认为是高档的声卡，如今也降成了中、低档声卡。若按价格来划分，高档声卡为 600 元以上，中档声卡为 300 元～600 元，低档声卡为 300 元以下。

（1）对音色要求很高者

对于计算机音乐爱好者和利用声卡进行计算机作曲的用户，对声卡音色要求高，音乐功能要齐全，应选择创新的 Sound BlasterLive！，创新的声卡在音乐的表现方面有其独特的一面，是其他品牌的声卡不可比拟的。该卡能提供最大可达 28 MB 的硬波表，512 个复音数，是音乐专业人士发挥高水准必选的配置。

（2）游戏发烧友

对于非常注重游戏音效的游戏发烧友，则可选择创新的 Sound Blaster Live！ Value、帝盟的 MX-300、MX-200。可充分体验 3D 环境音效的魅力。想营造一个家庭影院环境的用户，则可选择帝盟的 MX-300，当然，还要精心配置好音箱系统，如选用 4.1 或 5.1 的音箱系统。

（3）中档用户

对于经济不够宽裕而又想贪图一下 3D 环境音效风采的用户，则可选用帝盟的 MX-80 与 IS90，创新的 Sound Blaster PCI128、Sound Blaster PVI164，再配上 2.1 的音箱系统或优质的木制音箱，能获得比较满意的效果。

（4）一般应用

对于一般的用户若仅是看看 VCD、欣赏 CD 音乐、进行多媒体教育和打打网络电话等，并对游戏的声音要求不高，可选采用 YAMAHA 芯片的声卡，其品种有十几个，性能和质量相差较大，建议选中凌、GVC、中宇和花王等知名度较高的声卡，或采用 ESS 的 Maestro-2 芯片的帝盟 IS70 等，都能满足日常的使用需要。

2）鼠标的选购

（1）不同用户对鼠标功能的选择

如果是一般的用户，那么标准的二键、三键鼠标就足够了。如果是属于有"特殊要求"的用户（如 CAD 设计、三维图像处理、超级游戏玩家等），那么最好选择第二轨迹球或专业鼠标。如果能有四键、带滚轮可定义多个宏命令的鼠标，就更理想了。这种高级鼠标可以为工作带来高效率。如果用的是笔记本式计算机，或需要用投影仪做演讲，就应该使用那种遥控轨迹球，这种无线鼠标往往能发挥有线鼠标难以企及的作用。

（2）衡量质量的几个方面

① 首先要看外观，因为制作亚光的要比全光的工艺难度大，而多数伪劣产品都达不到这种工艺要求，可以首先被排除在外。

② 看鼠标的铭牌。现在各行业都在讲质量认证，鼠标厂家也不例外，讲究市场和质量的厂家都通过了国际认证（如 ISO 9000），这些都有明确的标志。这类鼠标厂商往往能提供 1～3 年的质保，而有的鼠标厂商则只保 3 个月。

③ 流水序列号，如果是伪劣产品，则往往没有流水序列号，或者所有的流水序列号都是相同（显然是假的）。

④ 如有可能，最好看看鼠标器的内部（有时不易做到），往往可以看得更清楚。优质鼠标的电路板多是多层板，由焊机自动焊接；而劣质鼠标则是单层板，用手工焊接，两者极易分辨。优质鼠标器的滚轮由优质特殊树脂材料制成，而劣质鼠标的滚轮则多为再生橡胶。

3）键盘的选购

（1）键盘的触感

作为日常接触最多的输入设备，手感毫无疑问是最重要的。手感主要是由按键的力度阻键程度来决定的。判断一款键盘的手感如何，会从按键弹力是否适中、按键受力是否均匀、键帽是否是松动或摇晃以及键程是否合适这几方面来测试。虽然不同用户对按键的弹力和键程有不同的要求，但一款高质量的键盘在这几方面应该都能符合绝大多数用户的使用习惯，而按键受力均匀和键帽牢固是必须保证的，否则就可能导致卡键或者让用户产生疲劳感。

（2）键盘的外观

外观包括键盘的颜色和形状，一款漂亮时尚的键盘会为你的桌面添色不少，而一款古板的键盘会让你的工作更加沉闷。因此，对于键盘，只要你觉得漂亮、喜欢、实用即可。

（3）键盘的做工

键盘的成本较低，但并不代表就可以马虎应付。好键盘的表面及棱角处理精致细腻，键帽上的字母和符号通常采用激光刻入，手摸上去有凹凸的感觉，选购时认真检查键位上所印字迹是否刻上去的，而不是用油墨印上去的，因为这种键盘的字迹，用久了就会脱落。

（4）键盘键位布局

键盘的键位分布虽然有标准，但是在这个标准上各个厂商还是有回旋余地的。一流厂商可以利用他的经验把键盘的键位排列的更体贴用户，小厂商就只能沿用最基本的标准，甚至因为品质不过关而做出键位分布极差的键盘。

（5）键盘的噪声

相信所有用户都很讨厌敲击键盘所产生的噪声，尤其是那些深夜还在工作、游戏、上网的用户，因此，一款好的键盘必须保证在高速敲击时也只产生较小的噪声，不会影响到别人。

（6）键盘的键位冲突问题

日常生活中，我们或多或少都会玩一些游戏，在玩游戏时就会出现某些组合键的连续使用，就要求这些键盘具备与游戏键不冲突的功能。

4）机箱的选购

（1）面板的设计

机箱面板是给用户的第一印象，因此可根据放置的环境进行选择。如果用在办公室中，则应注重美观大方、朴素典雅，尽量不要过分渲染，以免给人华而不实的感觉。如果是家庭用户，则可选择外形较为生动、活泼，颜色要与居室环境协调。机箱面板上的指示灯和按钮的布局要合理，操作要方便、舒适。

（2）结构的设计

可以选用目前流行的全模组化结构机箱，螺丝少，可以方便、快捷地装配或拆卸。机箱内部的空间要大，以备以后升级之用。设计时尺寸要严格，公差少。机箱内部散热要良好，最好可附加额外的风扇，以协助散热。还应有良好的防磁、防辐射设计。

（3）材料

机箱的一个重要条件就是坚固耐用，因此通常由金属的外壳和框架及塑料面板组成。优质的机箱面板采用硬质塑料；机箱的框架和外壳采用双层镀锌钢板，应耐刮、耐腐蚀，钢板厚度通常也应为 1 mm 以上。

（4）加工工艺

机箱内部各部件均为冲压而成，焊接精密所有部件的边缘铁皮全部反折，经过毛边处理，装机时不刮手。底板由于要安装主板，因此要厚重结实，不变形。此外还应具有很强的抗冲击能力和低电磁辐射干扰，符合 FCC 与 CE 标准。

（5）扩充性好

驱动器舱不能太少，以便于安装 CD-ROM、CD-RW、DVD-ROM 等 5 in 驱动器。此外有些设备要求有较好的散热条件，所有机箱中最好留有安装机箱散热风扇的位置。

5）电源的选购

为了用户在选购电源时能够避免后顾之忧，以下就电源容易忽视的 4 点进行说明：

（1）最大功率不等同于额定功率

目前，国内市场鱼龙混杂，某些厂商在电源功率的标识中，标出最大功率作为电源型号，大多数用户往往将两个参数混为一谈，购买了功率数不够的电源，导致日后平台运行不稳定。额定功率是指电源能够保持长时间稳定输出的功率；而最大功率指的是电源在极短的时间内所能输出的峰值功率。两者完全有着截然不同的概念。用户在选择电源时，千万不要把最大功率当成额定功率来用。要根据主机满载下的总功耗来选配合适额定功率的电源，最好能够预留出一定的功率空间以备使用。

（2）+12 V 输出尤为重要

随着技术的不断更新，性能在提升的同时功耗却在下降。不过 PC 主机总有一个硬件是非常"不合群"的，一些高性能显卡往往会附带一些外借方式的供电设计，功耗也是不容小觑的，所以+12 V 已经是业界来衡量一款电源的真实输出功率的方式。

对于一些转换效率较高，或者通过 80PLUS 认证的电源来说，无论是使用多路还是单路+12 V 输出，其总联合输出应该占总额定功率中的 80%以上，这样才可以满足计算机各个硬件在+12 V 端的功率需求，确保整机运行的稳定。

（3）+5 V 输出不容忽视

电源除了我们熟知的+12 V 电压输出之外，还有+5 V、+3.3 V 输出。+5 V 主要负责主板 PCI-E 电路、光驱硬盘电路以及 USB 供电，而+3.3 V 负责内存供电等。所以，如果电源+5 V 输出功率太小，就会出现计算机在使用一段时间后，发现有的 USB 接口不能使用了，尤其在使用移动硬盘等设备时，必须经过多次插拔才会恢复正常，有时还会出现"此设备可提高性能"的提示。

评判一款电源的+5 V、+3.3 V 联合输出是否足够？例如用一款额定 450 W 的电源来说，其+5 V 和+3.3 V 的联合输出功率应在 100 W 以上。这样才可以保证 USB 等外接设备有稳定的电压及电流输出。

（4）电源线材

对于一些对主机空间、整洁度和美观度有要求的用户，走背线和束缚是必不可少的。走背线除了看主板和机箱之外，电源的线材长度也是有要求的，对于背线用户，在选购电源时，线材长度要了解清楚。

另外电源线材使用了蛇皮网包，不仅起到美观作用，而且不同用途的线材能够统一束缚起来，让主机内部不会显得那么得杂乱无章。而电源的模块化设计也是提高主机内部整洁度的一个有效方法，把有用的 SATA 线材或者 PCI-E 线材插上，暂时不用的可以收起来，这样主机空间的线材能够有效减少，机箱也显得非常整齐。

小常识

常用键盘快捷键如下：

【F1】键：显示当前程序或者 Windows 的帮助内容。

【F2】键：可以为盘符、文件夹或文件重命名。

【F3】键：可以进行搜索。

【Win+M】组合键：最小化所有被打开的窗口。

【Win+Ctrl+M】组合键：重新恢复上一项操作前窗口的大小和位置。

【Win+E】组合键：打开"我的电脑"窗口。

【Win+F】组合键：打开"搜索结果"窗口。

【Win+R】组合键：打开"运行"对话框。

【Win+Break】组合键：打开"系统属性"对话框。

【Win+Ctrl+F】组合键：打开"搜索结果—计算机"对话框。

【Alt+Enter】组合键：在窗口和全屏幕窗口之间切换。

【Win+Tab】组合键：在任务栏上的最小化窗口上切换。

【Win+F1】组合键：打开"帮助和支持中心"窗口。

【Win+D】组合键：最小化和还原窗口。

课 后 习 题

一、填空题

1. 声卡是_____中最基本的组成部分，是实现_____信号相互转换的一种硬件。

2. 鼠标按接口类型可分为_____、_____、_____ 3 种。

二、选择题

1. 以下不属于鼠标分类的是（　　　）。

　A．串行鼠标　　　　B．PS/2 鼠标　　　　C．USB 鼠标　　　　D．LPT

2. 机箱一般来说主要应该从以下几个方面进行考核，以下不属于考虑的因素是（　　　）。

　A．小巧　　　　B．面板和加工工艺　　　C．结构设计　　　D．用料足、扩充性

三、操作题

在机箱前置面板的不同接口上，通常会标有不同标识。请将右边的中文名称对应的字母填入左边标识前的括号中。

（　　　）Reset　　　　　　　　　A．电源开关

（　　　）HDD LED 或 IDE LED　　　B．喇叭线

（　　　）Power SW　　　　　　　C．硬盘工作指示灯

（　　　）Speaker　　　　　　　　D．电源指示灯

（　　　）Power LED　　　　　　　E．系统复位线

单元 八

计算机的组装

引 言

前面我们学习的都是有关计算机硬件方面的知识，本单元介绍计算机的组装，组装计算机工作要求提前做好准备工作，设计好组装流程，操作中要认真仔细，多动手，勤思考，常交流，才能快速成为装机高手。

学习目标

通过本单元的学习，能够学会自己动手组装计算机应掌握以下几点：

- 了解计算机的组装
- 组装机箱内部硬件
- 连接计算机的各种外部设备
- 计算机组装注意事项

任务十　动手组装计算机

任务描述

前面我们已经了解了计算机所有的硬件，但是，零散的硬件是不会工作的，必须把它们连接在一起，组装成一台计算机才会正常工作。那么，在组装计算机的过程中，需要注意哪些问题？要按照哪种顺序来连接各个硬件呢？

任务分析

通过查阅资料，我们知道，计算机的各个部件连接在一起是需要一定的顺序的，计算机的主机中有很多的部件和数据线等，必须把步骤规划好，先连接什么，后连接什么，这样才能有条不紊的组装好一台计算机。

任务实施

只要了解计算机各个部件的特点，动手组装一台计算机并不复杂，微型计算机的组装流程如下：

![相关知识]

1. 计算机组装的准备工作

在了解计算机的组装之前，需要知道计算机的硬件构造，这样才能够更好地学习组装知识。

1）准备装机所需的配件

组装一台计算机的配件一般包括主板、CPU、CPU 风扇、内存、显卡、声卡（主板中都有板载声卡，除非用户特殊需要）、光驱（VCD 或 DVD）、机箱、机箱电源、键盘鼠标、显示器、数据线和电源线等。

2）准备装机工具

除了计算机配件以外，还需要准备要用到的螺丝刀、尖嘴钳、镊子等装机工具。

（1）十字口螺丝刀：用于螺丝的安装或拆卸。最好使用带有磁性的螺丝刀，这样安装螺丝钉时可以将其吸住，在机箱狭小的空间内使用起来比较方便。

（2）一字口螺丝刀：用于辅助安装，一般用处不大。

（3）镊子：用来夹取各种螺丝、跳线和比较小的零散物品。例如，在安装过程中一颗螺丝掉入机箱内部，并且被一个地方卡住，用手又无法取出，这时镊子就派上用场了。

（4）尖嘴钳：主要用来拆卸机箱后面的挡板或挡片。不过，现在的机箱多数都采用断裂式设计，用户只需用手来回对折几次，挡板或挡片就会断裂脱落。当然，使用尖嘴钳会更加方便。

（5）散热膏（硅脂）：在安装 CPU 时必不可少的用品。用户只需将散热膏涂到 CPU 上，帮助 CPU 和散热片之间的连接，以增强硬件的散热效率。在选购时一定要购买优质的导热硅脂。

2. 组装机箱内部硬件

1）拆卸机箱

（1）确定机箱侧板固定螺丝的位置，将固定螺丝拧下。

（2）转向机箱侧面，将侧板向机箱后方平移后取下，并以相同方式将另一侧板取下。

（3）取出机箱内的零件包。

2）安装电源

一般情况下我们购买机箱时可以买已装好的电源，不过有时机箱自带电源品质太差或者不能满足特定要求，由于计算机中各个配件基本上都已模块化因此更换起来很容易，电源也不例外，下面我们就来看如何安装电源。

安装电源将电源带有市电输入插座的那一面朝机箱外（带有电源输出线的那一面朝机箱内），用手托住电源，然后将其按在机箱的电源安装支架上，此时手不能松开。

将电源上螺丝固定孔与机箱上的固定孔对正，然后再先拧上一颗螺钉（固定住电源即可）然后将最后 3 颗螺钉孔对正位置再拧上剩下的螺钉即可，如图 8-1 所示。

3）安装 CPU 和 CPU 风扇

（1）安装 CPU

当前市场中，Intel 处理器主要有 32 位与 64 位的赛扬与奔腾两种（酷睿目前已经上市，酷睿处理器是 Intel 采用 0.065 μm 制作工艺的全新处理器，采用了最新的架构，同样采用 LGA 775 接口（见图 8-2），在今后一段时间内，Intel 将全面主推酷睿处理器。由于同样采用 LGA 775 接口，因此安装方法与 Inter 64 位奔腾赛扬完全相同）。32 位的处理器采用了 Socket 478 针脚结构，而64 位的则全部统一到 LGA 775 平台。

图 8-1　安装电源

图 8-2　LGA 775 接口 CPU

从图 8-2 中可以看到，LGA 775 接口的 Intel 处理器全部采用了触点式设计，与 Socket 478 针管式设计相比，最大的优势是不用再担心针脚折断的问题，但对处理器的插座要求则更高。

图 8-3 所示是主板上的 LGA 775 处理器的插座，可以看到，与针管设计的插座区别相当大。在安装 CPU 之前，要先打开插座，方法是：

① 用适当的力向下微压固定 CPU 的压杆，同时用力往外推压杆，使其脱离固定卡扣。

② 压杆脱离卡扣后，便可以顺利地将压杆拉起。

③ 接下来，将固定处理器的盖子与压杆反方向提起。

图 8-3　LGA 775 插座

在安装处理器时，需要特别注意。在 CPU 处理器的一角上有一个三角形的标识，另外在主板上的 CPU 插座，同样有一个三角形的标识。在安装时，处理器上印有三角标识的那个角要与主板上印有三角标识的那个角对齐，然后慢慢地将处理器轻压到位。这不仅适用于 Intel 的处理器，而且适用于目前所有的处理器,特别是对于采用针脚设计的处理器而言,如果方向不对则无法将 CPU 安装到位,在安装时要特别注意。

将 CPU 安放到位以后,盖好扣盖,并反方向微用力扣下处理器的压杆。至此 CPU 便被稳稳的安装到主板上,安装 CPU 结束。

（2）安装 CPU 风扇

① 在 CPU 的核心上涂上散热硅脂,不需要太多,涂上一层就可以了。主要的作用是和散热器能良好地接触,CPU 能稳定地工作。

② 现在市场上的散热风扇采用最多的安装方式是卡夹式,这种散热风扇利用一根弹性钢片来固定整个风扇。

③ 将散热器温柔地和 CPU 的核心接触在一起,但不要很用力地去压,接着将扣子扣在 CPU 插槽的突出的位置上,最后扣上另一头卡子。

安装风扇后,还要给风扇接上电源。电源的接法有两种,一种是从电源输出线中任意找到一个 D 型插头与风扇电源线连接,另一种形式的安装是把插头插在主板提供的专用插槽上。

4）安装内存条

在安装内存条之前,不要忘了先看主板说明书,以了解主板支持哪些内存,可以安装的内存插槽位置及可安装的最大容量。不同内存条的安装过程其实都是大同小意的,这里主要说明常见的 DDR、DDR2、DDR3 内存。

首先将需要安装内存对应的内存插槽两侧的塑胶夹脚（通常也称为"卡栓"）往外侧扳动,使内存条能够插入,如图 8-4 所示。

拿起内存条,然后将内存条引脚上的缺口对准内存插槽内的凸起（见图 8-5）,或者将内存条金手指边上标示的编号 1 的位置对准内存插槽中标示编号 1 的位置。

图 8-4　打开内存条两边的卡栓

图 8-5　内存插槽的缺口

最后稍微用点用力,垂直地将内存条插到内存插槽并压紧,直到内存插槽两头的卡栓自动卡住内存条两侧的缺口,如图 8-6 所示。

5）安装主板

（1）将机箱水平放置,观察主板上的螺丝固定孔,在机箱底板上找到相互对应位置处的预留孔,将机箱

图 8-6　卡栓卡住内存条

附带的铜柱安装到这些预留孔上,这些铜柱不但有固定主板的作用,而且还有接地作用。

（2）将主板放入机箱内。用双手抓住主板,小心地将其送入机箱中,当主板的外部 I/O 端口与机箱上的 I/O 孔对齐时,轻轻地放下主板,然后对主板的位置进行细微的调整,直到主板上所有的螺丝孔与下面的支撑螺母一一对应。接着用机箱附带的螺丝,将主板固定好。

在利用螺丝固定主板时,不要一次将螺丝拧紧,先将螺丝拧入螺母中,等所有的螺丝全部拧

上之后，观察一下主板是否变形，然后再将所有的螺丝固定好。

6）安装光驱、硬盘等驱动器

（1）光驱的安装过程

当只有一个光驱时，一般将其安装在最上面的 5.25 in 安装支架中。首先取下机箱前面板上用于安装光驱的挡板，如图 8-7 所示。

图 8-7　去除挡板

然后用手拿着光驱，将其插入 5.25 in 安装支架中。当光驱的前面板与机箱前面板对齐后，使用螺丝固定光驱即可，如图 8-8 和图 8-9 所示。

图 8-8　插入光驱　　　　　　　　　　　图 8-9　固定光驱

（2）硬盘的安装过程

硬盘的安装与光驱稍有不同——找到光驱下面的 3.5 in 安装支架，将硬盘（硬盘数据线接口的那一端朝手心）直接往支架推入即可。当硬盘上的 4 个螺丝孔与支架上的螺丝孔对齐时，就可以用螺丝固定硬盘了，如图 8-10～图 8-12 所示。

图 8-10　拆下硬盘支架　　　　图 8-11　插入硬盘　　　　图 8-12　固定硬盘托架

7）安装显卡、声卡、网卡等板卡

现在有很多主板集成了这些板卡的功能，如果对集成的显卡、声卡、网卡等的性能不满意，可以按需安装新的扩展卡，并在 BIOS 中设置屏蔽该集成的设备。

（1）安装显卡

在安装显卡之前，可以先看插槽是否能兼容所使用的显卡。指定接口的显卡只能安装到主板的对应插槽内，比如显卡只能安装到插槽内，PCI-E 接口显卡就只能安装到 PCI-E 插槽内。

第一步：关闭主机电源，然后打开机箱，找到主板显卡对应的插槽，去除机箱后面板该插槽处的铁皮挡板，如图 8-13 所示。

图 8-13　去除挡板

第二步：取出静电袋中的显卡，为防止静电损害，最好不要碰触显卡的电路部分。插装时注意首先按下 PCI-E 的防呆扣。将显卡金手指对准主板上的 PCI-E 接口轻轻按下，听到咔哒声后检查金手指是否全部进入 PCI-E 插槽，如图 8-14 所示。

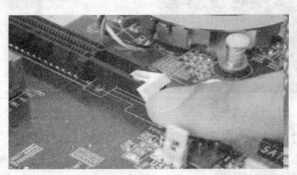

图 8-14　插入显卡

第三步：用螺丝刀将接口卡固定到机箱上。

（2）安装声卡/网卡

安装声卡/网卡的方法和上面的基本一致。找到白色 PCI 插槽，把声卡/网卡插到底，最后用螺丝固定。

8）连接电源线

① 连接 20 芯主板电源线。将电源插头插入主板电源插座中。

② 连接电源 4 芯电源线。电源的输出线中的 D 形大 4 孔插头可为硬盘和光驱供电，硬盘和光驱电源接口插座也为 D 形，反向一般无法插入，强行反向插入就会损坏接口电源。

③ 为光驱插上 D 形电源插头。

④ 将电源输出线中的 4 孔插头插入软驱的相应插槽中。

⑤ 为硬盘接上 D 形电源接头。

9）连接数据线

连接硬盘和光驱数据线，一块主板一般有两个 IDE 插槽，可连接两条 IDE 数据线，其中 IDE1 用于连接硬盘，IDE2 用于连接光驱。

① 插接数据线时应注意电缆接头的一面有一突出，而硬盘、光驱插槽中有一缺口，可以以此判断插接电缆的方向，另外还可以通过 IDE 数据线判断电缆的插入方向。

② IDE 数据线的 1 线（红线或花线）应与硬盘和光驱接口插座的第一脚（目前多为靠近电源插座的一侧）相对应，第一脚在硬盘和光驱上均有标识。

10）装挡板、整理机箱。

做完以上步骤，机箱的组装已基本完成，接下来是外围设备的安装。

3．连接计算机的各种外围设备

（1）连接 PS/2 接口的鼠标和键盘

符合规范的主板，接键盘的 PS/2 口是紫色的，接鼠标的 PS/2 口是绿色的，一般接键盘的 PS/2 口在左边（靠近主板），如图 8-15 所示。

（2）连接显示信号线

显示器信号线插头是 D 形 15 针接头，一端应插在显示卡的 D 形 15 孔插座上，另一端插在显示器上，如图 8-16 所示。

图 8-15　鼠标\键盘接口　　　　　　　　图 8-16　连接显示信号线

（3）连接音箱

① 通常有源音箱连接在 Speaker 端口或 Line-out 端口上，无源音箱插在 Speaker 端口上。

② 连接有源音箱时，将有源音箱的 3.5 mm 双声道插头一端插入机箱后侧声卡的线路输出插口中（浅绿色）插孔中，另一端插头插入有源音箱的音频输入插孔中。

③ 有源音箱上自带有电源线，将该电源线的插头插入电源插座。

（4）连接主机电源线

主机电源接口上有两只插座，连接主机电源时将电源线的一段插入主机 3 针电源输入插座，再将另一端的电源插头插入电源输入插座。显示器上自带有电源线，将该电源线的插头插入电源插座。

以上操作完成后，计算机的组装也就基本完成。

4．计算机组装注意事项

① 在组装过程中，要对计算机各个配件轻拿轻放，在不知道如何安装的情况下要仔细查看说明书，严禁粗暴装卸配件。

② 对于安装需要螺丝固定的配件时，在拧紧螺丝前一定要检查安装是否对位，否则容易造成板卡变形、接触不良等情况。

③ 在安装那些带有针脚的配件时，应注意安装是否到位，避免安装过程中针脚断裂或变形。

④ 在对各个配件进行连接时，应注意插头、插座的方向，如缺口、倒角等。插接的插头一定要完全插入插座，以保证接触可靠。另外，在拔插时不要抓住连接线拔插头，以免损伤连接线。

🎙 小常识

1. DIY

自己组装计算机也就是我们的"攒机"，被称为 DIY。DIY 是 Do It Yourself 的缩写，即自己动手。

2. 释放静电

在接触计算机前，应释放静电，把手擦干。释放静电可以洗手，或接触接地导体，有条件可以考虑使用"静电环"——用一金属环套在手指上，然后用一根导线连接到金属环上，导线的另一端接到自来水管等接地的金属体上。这样就可以有效地防止静电击毁板卡的意外发生。

课 后 习 题

一、填空题

1. 螺丝刀用于螺丝的安装与拆卸，最好使用带有_____的螺丝刀。

2. 硅脂在安装 CPU 时必不可少的用品。用户只需将散热膏涂到 CPU 上，帮助 CPU 和_____之间的连接，以增强硬件的_____效率。

3. LGA775 接口的 Intel 处理器全部采用了_____设计。

4. 在安装内存时，首先将需要安装内存对应的内存插槽两侧的塑胶夹脚（通常也称为"卡栓"）_____扳动，使内存条能够插入。

二、选择题

1. 在利用螺钉固定主板时，以下操作方法正确的是（　　　）。

    A. 安装第一个螺钉时，将其拧紧　　　　B. 安装第一个螺钉时，不要一次性拧紧

    C. 安装主板螺钉时，可以少安装 4 个　　　D. 靠近板卡的螺钉可以少

2. 台式机中经常使用的光驱多是（　　　）英寸的。

    A. 5.25　　　　　　B. 3.5　　　　　　C. 2.5　　　　　　D. 1.8

三、操作题

请写出计算机拆机与装机的顺序，结合过程谈谈拆装过程中碰到过哪些问题。

单元 九

笔记本式计算机的基础知识

引　言

前几个单元我们主要学习了台式机硬件的组装与维护，本单元介绍笔记本式计算机的基础知识。通过本单元的学习，了解笔记本式计算机的基本硬件结构，以及笔记本式计算机的日常维护和保养。

学习目标

通过本单元学习，应该掌握以下几点：

- 笔记本式计算机的基础知识
- 笔记本式计算机的分类
- 笔记本式计算机的选购
- 笔记本式计算机的日常维护

任务十一　笔记本式计算机的选购与维护

任务描述

很多人可能都曾遇到以下几种情况：刚买不久的计算机，才用了一两个月就经常出现问题；在使用计算机时，突然蓝屏；计算机无法开机了；计算机显示器非常模糊，里面有水气；计算机工作时有很大的噪声，这些现象是什么引起的呢？

任务分析

经过分析，引起以上故障的原因可大致分为两种：首先可能的原因没有对笔记本式计算机进行经常性的维护，从而导致计算机出现大小不一的问题；然后可能就是在购买时粗心大意，或者因为对笔记本式计算机不了解，导致购买到了劣质产品。

笔记本式计算机作为现在市场上的主流产品，相信大部分的消费者都会选择它，但现对于台式机，笔记本式计算机就要显的"娇弱"的多，可能一个小小的失误就会造成很严重的后果。所以说，笔记本式计算机的日常维护是至关重要的。

任务实施

关于笔记本式计算机的选购，可以在购买之前详细了解该方面的知识，可以在网上查询一些相关知识。例如，我们可以进入太平洋计算机网（http://www.pconline.com.cn）了解笔记本式计算机的最新信息、产品型号、市场报价、产品评测等。

相关知识

1. 笔记本式计算机的简介

笔记本式计算机俗称笔记本电脑，是一种小型、可携带的个人计算机，通常重 1～3 kg。其发展趋势是体积越来越小，重量越来越轻，而功能却越发强大。

与台式机相比，笔记本式计算机有着类似的结构组成（显示器、键盘/鼠标、CPU、内存和硬盘），但是笔记本式计算机的优势还是非常明显的，其主要优点有体积小、重量轻、携带方便。一般说来，便携性是笔记本相对于台式机最大的优势。无论是外出工作还是旅游，都可以随身携带，非常方便，如图 9-1 所示。

超轻超薄是时下笔记本式计算机的主要发展方向，但这并没有影响其性能的提高和功能的丰富。同时，其便携性和备用电源使移动办公成为可能。由于这些优势的存在，笔记本式计算机越来越受用户推崇，市场容量迅速扩展。

真正的第一款笔记本式计算机诞生于 1985 年，是由日本东芝公司生产的一款笔记本式计算机T1100，是目前为止多数媒体公认的第一款笔记本式计算机。这款笔记本的问世，开始了东芝公司在笔记本业界的 20 年风雨路程，也带动了全世界笔记本的风暴。

2. 笔记本式计算机的分类

按照一般的用途，可以将笔记本式电脑分为游戏本、影音本、商务本、学生本和超级本。游戏本配置强大，玩大型的游戏一般都比较流畅，普通的小程序更不在话下；影音本的配置比游戏本的配置要低点，影音本追求的是影音的高品质，不管是电影还是音乐（游戏本和影音本对显卡的要求都很高）；商务本的配置比较强大，主要适合办公；学生本追求的是高性价比，相对来说性能过得去价格也很合理，适合学生消费群体；超级本，性能超级强大，但是价格也最贵，超级本追求的是最高性能。

最重要的是根据笔记本式计算机的大小、重量和定位，笔记本式计算机一般可以分为台式机替代型、主流型、轻薄型、上网本和平板式计算机 5 类。

（1）台式机替代型

如图 9-2 所示，该类笔记本式计算机都拥有很强的性能，从硬件配置上来说，与高端台式机不相上下，但随之而来的就是大体积、大重量和高发热量。由于体积大、重量大，此类机型的便携性比较差。此类机型适合于对计算机的计算能力和图形性能要求非常高的游戏玩家，或者从事图形设计的专业人士使用。

（2）主流型

如图 9-3 所示，这类机型最为常见，是大部分潜在笔记本式计算机用户的首选。从配置上来说，主流型笔记本式计算机可以满足用户的各种需求，它对商务、办公、娱乐、视频等功能的整合已经十分成熟。从便携性上来说，相对适宜的重量和成熟的开发模具，让使用者更加方便。除拥有主流的配置之外，主流型笔记本式计算机在体积、重量、电池续航方面也会寻找一个平衡点，从而满足各种日常需求。在屏幕方面，此类笔记本式计算机一般配备 12～15 in（1in=2.54 cm）大小的屏幕（宽屏、非宽屏）。内、外置光驱可以根据用户的需要进行选择。

图 9-1　笔记本式计算机

图 9-2　台式机替代型

（3）轻薄型

如图 9-4 所示，此类机型主要是针对追求性价比或对性能和便携性要求较高的商务用户设计的。轻薄的机身、较长时间的续航、不俗的商务娱乐性能、精彩的设计工艺，吸引了众多白领阶层人士。此类笔记本式计算机很少拥有内置光驱，如果需要，用户必须配备外置产品。屏幕方面，一般此类机型大都配备 11～14 in 的 LCD。

图 9-3　主流型

图 9-4　轻薄型

（4）上网本

如图 9-5 所示，上网本就是轻便和低配置的笔记本式计算机，具备上网、收发邮件以及即时信息（IM）等功能，并可以实现流畅播放流媒体和音乐。上网本比较强调便携性，多用于在出差、旅游甚至公共交通上的移动上网。早期的上网本是一台功能不齐全的笔记本式计算机，一般以 7 in 为主。后期的上网本已经能达到和普通笔记本一样的功能了，只是为了减轻上网本的重量，一般去除了多余的光驱，这类上网本尺寸为 10～12 in 居多。上网本外形大多小巧轻薄，同时色彩绚丽。

（5）平板式计算机

如图 9-6 所示，平板式计算机是一种小型、方便携带的个人计算机，以触摸屏作为基本的输入设备。它拥有的触摸屏（也称为数位板技术）允许用户通过触控笔或数字笔进行作业而不是传统的键盘或鼠标。平板式笔记本由比尔·盖茨提出，支持来自 Intel、AMD 和 ARM 的芯片架构，从微软提出的平板式计算机概念产品上看，平板式笔记本就是一款无须翻盖、没有键盘、小到放入女士手袋，但却功能完整的 PC。

图 9-5　上网本

图 9-6　平板式笔记本

3．笔记本式计算机的组成

笔记本式计算机之所以便携，就是因为它的组件更小，比如芯片的集成度更高，内存和硬盘都比台式机小很多，有的笔记本式计算机主板的物理面积还没有台式机的显卡大。但笔记本式计算机的组件和台式机的差不多，有外壳、电池、显示器、键盘、CPU、硬盘、内存、显卡、网卡和光驱等基本的组件，如图 9-7 所示。

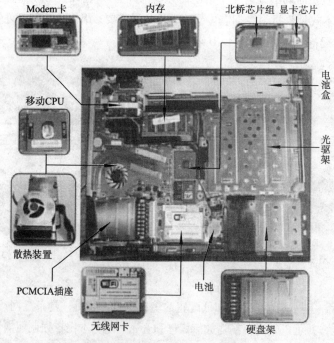

图 9-7　笔记本式计算机的组成

1）外壳

（1）ABS 工程塑料

ABS 工程塑料即 PC + ABS（工程塑料合金），在化工业的中文名字叫塑料合金，之所以命名为 PC + ABS，是因为这种材料既具有 PC 树脂的优良耐热性和耐候性、尺寸稳定性和耐冲击性能，又具有 ABS 树脂优良的加工流动性。所以应用在薄壁及复杂形状制品，能保持其优异的性能，以及保持塑料与一种酯组成的材料的成型性。ABS工程塑料最大的缺点就是质量重、导热性能欠佳。一般来说，ABS工程塑料由于成本低，被大多数笔记本式计算机厂商采用，目前多数的塑料外壳笔记本式计算机都是采用ABS工程塑料作原料的。

（2）钛合金

钛是一种非常昂贵的金属，并且稀少，全世界的年产量加在一块也不过几万吨。钛合金的全名叫"钛合金复合碳纤维"，主要材质依然是铝，一般只掺入2%～3%的钛和碳纤维材料。钛合金厚度只有0.5 mm，是铝镁合金的一半，让笔记本式计算机体积更娇小。钛合金的强韧性更强，是铝镁合金的3～4倍，能承受的压力越大。而且散热效果很好。在相同的使用时间下，钛合金的外壳摸起来最不烫手。唯一的缺点是必须通过焊接等复杂的加工程序，才能做出结构复杂的笔记本式计算机外壳，这些生产过程衍生出可观成本，因此十分昂贵。目前，钛合金及其他钛复合材料依然是IBM X和T系列专用的材料，这也是IBM笔记本式计算机比较贵的原因之一。

（3）碳纤维材料

碳纤维材料是一种可回收的环保材料，也是一种导电材质，可以起到电流屏蔽的作用让笔记本的性能更佳，当然也出现了轻微的漏电现象。它的强度和韧性是铝镁合金的2倍，耐腐蚀、耐压、散热性好，手感舒适细腻，重量轻，可使笔记本的重量变得非常轻。而且碳纤合金的清洁性也较好，如圆珠笔、油性水笔等留下的污迹，都能轻松抹掉。1998年IBM就是使用这种材料，后来转为更为高级的钛合金材料。现在市面上华硕的M5等机型均采用此种有改良的碳纤维材料。

（4）镁铝合金和铝镁合金

镁铝合金当中，镁的成分高达90%以上；而铝镁合金中，铝的成分就高达90%以上。哪个金属在前面，所占的合金成分比重就高。为了便于区分，业界把镁铝合金简称镁合金，铝镁合金称为铝合金。

镁合金具有轻量化、高强度、耐压性、防EMI、散热佳、易于铸造及射出成型等特性，再加上北美及欧盟的环保条例，也间接启动国际大厂开始大量使用镁合金材料设计零件，并开始逐渐取代以往应用广泛的塑料材料。一台笔记本式计算机若以镁合金取代塑料而应用笔记本式计算机外壳及零组件，预估单机重量可减轻35%，由于重量轻符合笔记本式计算机轻薄短小的诉求，因而加速笔记本式计算机厂商使用的镁合金的速度。另外，手机使用的镁合金厚度仅0.6～0.8 mm，用以取代塑料件的1.0 mm，在重量上可减轻10%左右。铝合金可采用喷漆或阳极处理，所以外观上铝合金可呈现更佳的质感，并且镁合金现多以喷漆处理，散热效果并不比铝合金好。

（5）航空级铝合金材料

航空级铝合金材料是与飞机同样的材质，强度大、耐磨耐腐蚀。使用该材料的笔记本外壳在抗拉、抗压能力上是无与伦比的，耐腐蚀性也是一流。并且在外观上光滑如镜，无一丝一毫的羁绊，完全称得上是目前本本外壳的巅峰之作。

2）显示器

显示器是笔记本的关键硬件之一，约占成本的1/4。LCD是液晶显示器的统称，主要有TFT、UFB、TFD、STN等几种类型的液晶显示器。

笔记本液晶显示器常用的是TFT类型，TFT屏幕是薄膜晶体管，是有源矩阵类型液晶显示器，在其背部设置特殊光管，可以主动对屏幕上的各个独立的像素进行控制，这也是所谓的主动矩阵TFT的来历，可以大大缩短响应时间，约为80 ms，有效改善了STN（STN响应时间为200 ms）

闪烁模糊的现象，有效地提高了播放动态画面的能力。和 STN 相比，TFT 有出色的色彩饱和度，还原能力和更高的对比度，太阳下依然看得非常清楚，但缺点是比较耗电，而且成本也较高。

（1）LED 的分类及主要特别

LED 是 Light Emitting Diode 的缩写，即发光二极管。LED 应用可分为两大类：一是 LED 单管应用，包括背光源 LED，红外线 LED 等；二是 LED 显示屏。

中国在 LED 基础材料制造方面与国际还存在着一定的差距，但就 LED 而言，中国的设计和生产技术水平基本与国际同步。LED 显示器是由发光二极管排列组成的显示器件，采用低电压扫描驱动，具有耗电少、使用寿命长、成本低、亮度高、故障少、视角大、可视距离远等特点。

（2）LCD 与 LED 的主要区别

LED 与 LCD 相比，LED 在亮度、功耗、可视角度和刷新速率等方面，都更具优势。LED 与 LCD 的功耗比大约为 1:10，而且更高的刷新速率使得 LED 在视频方面有更好的性能表现，能提供宽达 160° 的视角，可以显示各种文字、数字、彩色图像及动画信息，也可以播放电视、录像、VCD、DVD 等彩色视频信号，多幅显示屏还可以进行联网播出。而且 LED 显示屏的单个元素反应速度是 LCD 的 1 000 倍，在强光下也可以照看不误，并且适应零下 40° 的低温。利用 LED 技术，可以制造出比 LCD 更薄、更亮、更清晰的显示器，拥有广泛的应用前景。

简单地说，LCD 与 LED 是两种不同的显示技术，LCD 是由液态晶体组成的显示器，而 LED 则是由发光二极管组成的显示器。

3）CPU

CPU 可以说是笔记本式计算机最核心的部件，一方面它是许多用户最为关注的部件，另一方面它也是笔记本式计算机成本最高的部件之一（通常占整机成本的 20%）。笔记本式计算机的处理器，基本上是由 4 家厂商供应的：Intel、AMD、VIA 和 Transmeta，其中 Transmeta 已经逐步退出笔记本式计算机处理器的市场，在市面上已经很少能够看到。在剩下的 3 家中，Intel 和 AMD 又占据着绝对领先的市场份额。

4）硬盘

硬盘是个人计算机中存储数据的重要部件，硬盘的性能对系统整体性能有至关重要的影响。

尺寸：笔记本式计算机所使用的硬盘一般是 2.5 in，而台式机为 3.5 in，笔记本式计算机硬盘是笔记本式计算机中为数不多的通用部件之一，基本上所有笔记本式计算机硬盘都是可以通用的。

厚度：笔记本式计算机硬盘有台式机硬盘所没有的参数，就是厚度，标准的笔记本式计算机硬盘有 9.5 mm、12.5 mm、17.5 mm 这 3 种厚度。9.5 mm 的硬盘是为超轻超薄机型设计的，12.5 mm 的硬盘主要用于厚度较大、光软互换和全内置机型。

转数：笔记本式计算机硬盘由于采用的是 2.5 in 盘片，即使转速相同时，外圈的线速度也无法和 3.5 in 盘片的台式机硬盘相比，笔记本式计算机硬盘现在是笔记本式计算机性能提高最大的瓶颈。现在主流台式机的硬盘转速为 7 200 r/min，但是笔记本硬盘转速仍以 5 400 r/min 为主。

接口类型：笔记本式计算机硬盘一般采用 3 种形式和主板相连，用硬盘针脚直接和主板上的插座连接、用特殊的硬盘线和主板相连，或者采用转接口和主板上的插座连接。不管采用哪种方式，效果都是一样的，只是取决于厂家的设计。

5）内存

笔记本式计算机的内存可以在一定程度上弥补因处理器速度较慢而导致的性能下降。一些笔记本式计算机将缓存内存放置在 CPU 上或非常靠近 CPU 的地方，以便 CPU 能够更快地存取数据。有些笔记本式计算机还有更大的总线，以便在处理器、主板和内存之间更快传输数据。

由于笔记本式计算机整合性高，设计精密，对于内存的要求比较高，笔记本内存必须符合小巧的特点，需采用优质的元件和先进的工艺，拥有体积小、容量大、速度快、耗电低、散热好等特性。出于追求体积小巧的考虑，大部分笔记本式计算机最多只有两个内存插槽。笔记本式计算机通常使用较小的内存模块以节省空间。

笔记本式计算机中使用的内存类型包括：

① 紧凑外形双列直插内存模块（SODIMM）。

② 双倍数据传输率同步动态随机存取内存（DDR SDRAM）。

③ 单数据传输率同步随机存取内存（SDRAM）。

④ 专有技术的内存模块。

对于一般的文字处理、上网办公的需求，如果运行的是 Windows XP，那么 256 MB 内存是必须的，如果是运行更大的系统如 Windows 7、Windows 8 等新一代操作系统，需要的内存就更大。但是由于笔记本的内存扩展槽有限，因此单位容量大一些的内存会显得比较重要。而且这样做还有一点好处，就是单位容量大的内存在保证相同容量时，会有更小的发热量，这对笔记本的稳定也是大有好处的。现在一般笔记本式计算机的内存都能够升级，并且能通过可拆卸面板来轻松拆装内存模块。

6）显卡

显卡主要分为两大类：集成显卡和独立显卡。在性能上独立显卡要好于集成显卡。集成显卡是将显示芯片、显存及其相关电路都做在主板上，与主板融为一体；集成显卡的显示效果与处理性能相对较弱，不能对显卡进行硬件升级，集成显卡的优点是功耗低、发热量小、部分集成显卡的性能已经可以媲美入门级的独立显卡，所以不用花费额外的资金购买显卡。

独立显卡是指将显示芯片、显存及其相关电路单独做在一块电路板上，自成一体而作为一块独立的板卡存在，它需占用主板的扩展插槽（AGP 或 PCI-E）。独立显卡单独安装有显存，一般不占用系统内存，在技术上也较集成显卡先进得多，比集成显卡能够得到更好的显示效果和性能，容易进行显卡的硬件升级；其缺点是系统功耗有所加大，发热量也较大，需额外花费购买显卡的资金。

7）电池

笔记本式计算机和台式机都需要电流才能工作，它们都配备了小型电池来维持实时时钟（在有些情况下还有 CMOS RAM）的运行。与台式机不同的是，笔记本式计算机的便携性很好，仅依靠电池就可以工作。

镍镉（NiCad）电池是笔记本式计算机中常见的第一种电池类型，较早的笔记本式计算机可能仍在使用它们。它们充满电后的持续使用时间在两小时左右，然后就需要再次充电。但是，由于存在记忆效应，电池的持续使用时间会随着充电次数的增加而逐渐降低。

镍氢（NiMH）电池是介于镍镉电池和后来的锂离子电池之间的过渡产品。它们充满电后的持续使用时间更长，但是整体寿命则更短。也存在记忆效应，但是受影响的程度比镍镉电池轻。

锂电池是当前笔记本式计算机的标准电池。它们不但重量轻，而且使用寿命长。锂电池不存在记忆效应，可以随时充电，并且在过度充电的情况下也不会过热。此外，它们比笔记本式计算机上使用的其他电池都薄，因此是超薄型笔记本的理想选择。锂离子电池的充电次数在 950～1200次之间。

许多配备了锂离子电池的笔记本式计算机宣称有 5 小时的电池续航时间，但是这个时间与计算机使用方式有密切关系。硬盘驱动器、其他磁盘驱动器和 LCD 显示器都会消耗大量电池电量。甚至通过无线连接浏览互联网也会消耗一些电池电量。许多笔记本式计算机型号安装了电源管理软件，以延长电池使用时间或者在电量较低时节省电能。

使用可充电电池是笔记本式计算机相对台式机的优势之一，它可以极大地方便在各种环境下笔记本式计算机的使用。目前一般笔记本式计算机电池的使用时间约 2～4 小时，若长时间使用可选择具有省电功能设计或准备备份电池，可以有效延长电池的使用时间。最早推出的电池是镍镉电池（NiCd），但这种电池具有"记忆效应"，每次充电前必须放电，使用起来很不方便，不久就被镍氢电池（NiMH）所取代，NiMH 不仅没有"记忆效应"，而且每单位重量可多提 10%的电量。目前最常用的电池是锂离子电池（Li-Ion），它也没有"记忆效应"，与镍氢电池相比，每单位重量可获得更多的电量，价格也比镍氢电池高一倍。在同样重量下，这 3 种电池的使用时间比是1:1.2:1.9。

8）主板

因为每块笔记本式计算机的主板在形状和尺寸上差异太大，在组件的布置上更是千差万别，而主板结构往往决定了一个笔记本式计算机的整体结构特点，所以主板可以说是一个具有主导作用的组件。

几乎所有的笔记本式计算机组件都安置在主板的底面，如内存插槽、mini PCI插槽。由于这两个组件涉及到日后的升级，所以在外壳上的相应位置开了一个小盖板。用户可以很方便地打开盖板以完成升级。CPU、北桥芯片、显示芯片等发热量相对较大的组件也全部放在底面，这是从散热角度来考虑的，在底部外壳上设计一些散热的窗格，让其通过自然的热量散发来保持机体内部衡温。为了使机体更薄，单独留出硬盘与光驱的位置，不进行叠加。为了让用户很方便地插拔外设，把使用频率较高的接口放置在左侧。同时，电池也不会与主板叠加，所以后侧也给电池留出了一个狭长的空间，这就形成了主板的一个大概形状。

4．笔记本式计算机的选购策略

1）笔记本式计算机的选购

（1）购机用途

如果仅仅是一般的工作需求，配置过高，对资源是一种浪费；如果有特殊需求，一般的笔记本式计算机又无法满足。因此，在购机前一定要明确自己的选购类型，从自己的实际需求出发，不要盲目追求配置。

笔记本的硬件配置，主要体现在 CPU、内存、硬盘、显卡、显示器等方面，其中 CPU、内存、硬盘、显示屏都是必配硬件，只要按照实际需求，挑选一款合适的笔记本即可。如果是一般性的上网、听音乐、看电影、玩网络游戏，一般的中档配置机型就能满足需求。如有特殊需求，则需要配置相对较高（特别是 CPU、内存、显卡）的机型。

但对于初级用户来说，在选择显卡方面存在一定的误区。配置高与低，一个比较明显的区别就是是否配置了独立显卡和集成显卡，这也很大程度上决定了购买的成本。因此，究竟是选择集成显卡还是独立显卡，是一个非常重要的考虑因素。最主流的集成显卡，比如基于迅驰 2 平台的 X4500 集成显卡，已经能胜任一般的 3D 游戏和高清播放要求，如果买笔记本不是为了玩游戏，仅仅是日常的办公和学习，目前的集成显卡已足够，同时也要根据实际需求来决定机型大小。如果在家玩游戏、看电影，需要一款大尺寸的笔记本式计算机。如果经常出差在外，对笔记本的便携性要求较高，因此需要考虑机型较小、笔记本电池续航时间较长的笔记本式计算机。

（2）品牌选择

目前，市场上的笔记本品牌可谓是百花齐放。但选择哪一款品质好、配置均衡、销售服务好的笔记本，是非常值得考虑的问题。对于品牌的选择，一般分为两种情况：一是没有品牌偏好的，二是有品牌偏好的。第二种情况比较好办，直接选择喜欢的品牌即可。但对于很多没有品牌偏好的初级用户来说，需要了解目前市场上畅销的笔记本品牌。据资料显示，2008 年第四季度全球 PC 品牌份额（以出货量计）排名为惠普、戴尔、宏碁（含 Gateway 和 PB 品牌）、联想（含 ThinkPad）、东芝、华硕。而在中国大陆市场的品牌份额（以出货量计）则依次是联想、惠普、戴尔、宏碁、华硕。

以上资料，主要是为了对各大品牌还不熟悉的初级本友提供一个品牌选择的方向。虽然这只是一些调查排名，但表明了大品牌的笔记本式计算机，由于其产品质量、市场售价、售后服务优于其他品牌，而被更多用户所选择。

（3）购机预算

选择哪一品牌哪一款的笔记本，需要一个原则：就是优质优价，谁性价比高就选谁。

如何确定一款笔记本的性价比？对于初次选购笔记本式计算机的人来说，可以到各大 IT 网站的论坛中寻找答案，以了解其他用户消费者的使用情况。这些，只能成为购机的一个参考。最关键的，我们还要自己动手，到各大 IT 网站的笔记本频道了解计算机的具体配置，看看哪一款物有所值，或者物超所值。

（4）现场挑选

挑选环节应注意以下几点：

① 机型外观：外观是仁者见仁、智者见智，各有所好。首先是颜色，有的人喜欢黑色，认为黑色神秘高贵；有的人喜欢银色的，认为银色低调完美；有的人喜欢粉色，认为粉色浪漫温馨。这里推荐黑色磨砂，耐看，耐磨，华丽而又高贵，沉稳又不张扬。其次是机型，机型可以说是五花八门，主要看消费的审美情趣，可根据个人爱好进行选择。

② 接口类型：目前市场上大多笔记本的接口都差不多，但有些笔记本的接口类型没有考虑到使用者的消费习惯，如鼠标 USB 接口设置在笔记本的左边，这与大多数消费者的使用习惯不相符，在使用中会感到特别别扭。另外，高清电影是趋势，要查看笔记本式计算机是否有 HDMI 输出接口。

③ 散热效果：笔记本过热，就会造成整机运行不稳定。最好的办法是购机前上网多查阅相关机型的评论，进行综合比较。

④ 增值配置：要了解笔记本是否使用了 LED 背光屏幕、DDR3 内存、高速硬盘等标准配置后，还要了解笔记本是否配有摄像头、指纹识别、一键恢复等功能。

⑤ 售后服务：再好的笔记本，也有可能出问题的时候。出问题并不可怕，可怕是出了问题找不到售后服务，或者售后不好。要看在所生活的城市或者周围，有没有官方指定的售后服务机构，再查看产品的三包期限。

2）平板式计算机的选购

（1）看尺寸

目前平板式计算机一般分为 7 in 和 10 in。10 in 的平板式计算机屏幕大，分辨率高，操作时使用键盘区域大，打字方便，看电影舒服。7 in 的平板式计算机重量轻，一般只有 10 in 的一半重，多数在 300～400 g，携带更方便。

（2）看触摸屏

平板式计算机的屏幕分为电阻屏和电容屏。电阻屏价格低，使用方便，任何触头都可使用，但只支持单点触摸，太用力或使用锐器都有可能划伤屏幕，中低端的平板式计算机一般使用电阻屏。电容屏触控灵敏度高，能够实现多点触控，系统可以根据手指的动作产生反应，如浏览图片时放大缩小、浏览网页时缩放页面等。

（3）看操作系统

平板式计算机操作系统基本上由 Windows、Android 和 iOS 三分天下。Windows 平板式计算机代表最高档次的平板式计算机，在配置、性能和兼容性上表现出色。Android 系统的最大优势是资源下载全部免费，相较于 iOS 系统可以省下一笔开销，但其他很多软件不如 iOS 精细。

（4）看网络配置

目前平板式计算机可以使用的网络包括 3G 和 WiFi，如果需要随时随地接入互联网，可以选购 3G 版，但价格上会比 WiFi 版贵 300 元左右。个人建议选择 WiFi，一是因为目前我国 3G 网络的覆盖程度不够，3G 随时随地上网的特性可发挥空间不大；二是智能手机内置 3G 路由功能越来越多，完全可以通过智能手机的 3G 路由分享给 WiFi 版平板式计算机来实现。

（5）看扩展能力

是否支持 USB、miniUSB、TF 卡、U 盘接口，是否支持 VGA 接口，是否支持有线网络接口，是否支持 3G 畅游，是否支持 GPS 导航，是否支持 CMMB 移动电视功能等。目前双系统平板式计算机都可以轻松实现上述功能。

（6）看外观、能耗、温度

做工细腻、配件优良的平板式计算机很有质感。是否纤薄时尚、有品位，可以通过外观进行判断。一台好的平板式计算机，使用时的节能效果比较出众，待机时间比较长。另外，噪声大小直接影响平板式计算机的日常使用，这一使用要素也很重要。

（7）看配套服务

关注不同品牌的售后网点、品牌价值、说明书、三包凭证、国家 3C 认证等配套介绍，可以看出厂家售后服务的可靠程度，也是选购时需要关注的一大要点。

5. 笔记本式计算机使用和日常维护

（1）笔记本外壳的维护

IBM 的笔记本外壳都是黑色的，因为黑色的外壳不是简单的喷涂，而是混合在材质里面的。所以即使划痕不容易看出来。这也是我们钟爱 IBM 的原因之一。那么，这种外壳如何保养呢？

对于最容易受伤的顶盖，可以在市面上买塑料保护膜，然后把它贴在顶盖上，虽然有点不好看，但能起到很大的防护作用的，类似于手机的屏幕保护膜。但若时间长了，机器的边角容易出现掉漆现象，可以用透明胶带减成小条，粘在边边角角容易磨损的地方，这样不影响美观，而且能起到很好的保护作用。

清洁外壳时要注意，为防止意外发生，在开始清洁时，一定要关机，切断电源、拆下电池。可以用湿毛巾沾一些温性的洗洁剂，轻轻擦拭平时留有手印的地方，除去汗迹和油迹，然后洗干净毛巾，用湿毛巾擦干，然后自然风干即可。

（2）笔记本显示器的正确使用和维护

笔记本的各个部件都是有使用寿命的，而最为娇气的，恐怕是液晶屏幕了，一个液晶屏幕正常的使用时间是 5 年左右，随着时间的推移，笔记本的屏幕会越来越黄，这是屏幕内灯管老化的现象。如何延续液晶屏幕老化的时间呢？

平时要减少屏幕在日光下暴晒的可能，白天使用，尽量拉上窗帘，以防屏幕受日照后，温度过高，加快老化。做好日常的清洁工作，日常使用中，难免在屏幕上留下各种各样的污渍，可以选用抹布擦拭，但要注意，切断一切电源，以免漏电或者进水。

最简单的保护屏幕的办法是降低亮度，长时间离开时记得关闭屏幕。

（3）笔记本键盘的使用和清洁

键盘是操作笔记本式计算机时必须使用的部件，键盘维护的重点在于除尘。一些用户在使用笔记本式计算机时喜欢吸烟，烟灰掉到键盘的缝隙中后，经过长年累月的累积，会造成一些功能键失效。所以，只要键盘沾上了灰尘或烟灰，就应尽快使用毛刷将灰尘除去。另外，尽量不要留长指甲，以防意外刮伤键盘。另外，为了更好地保养笔记本式计算机的键盘，可以为笔记本键盘贴一张保护薄膜。

（4）笔记本电池的维护与保养

电池是笔记本式计算机的“发动机”，没有电池，笔记本式计算机也就没有了动力。笔记本的电池使用寿命在 300～500 次之间，正确使用电池，会起到保护作用。笔记本式计算机电池的保养与维护主要表现在充电和过热两个方面。一般来说，最好在笔记本式计算机还剩 20%左右的电量时就开始充电，充到 98%左右的电量就可以停止，这样才能让笔记本式计算机的电量维持地更久一些。另外，在笔记本式计算机电池过热的情况下，充电容量会减小，所以，在通过电源使用笔记本式计算机时，可以将电池卸下，同时保持电池与高温器材有一定的距离。

（5）笔记本式计算机硬盘的维护与保养

笔记本式计算机硬盘是笔记本式计算机的数据存储库，一些不当操作，很容易使笔记本式计算机硬盘出现故障。笔记本式计算机硬盘的日常维护与保养主要从 3 个方面入手：一是尽量在平稳的状况下使用笔记本式计算机，避免在容易晃动的地点操作；其次，开关机过程是硬盘最脆弱的时候，此时硬盘轴承转速尚未稳定，若产生震动，则容易造成坏轨，因此，建议关机后等待约十秒再移动笔记本式计算机；最后，还要定期对笔记本式计算机硬盘进行磁盘整理和扫描，以提高磁盘存取效率。

（6）笔记本式计算机散热问题

笔记本式计算机散热问题一直是消费者关心的问题，如果笔记本式计算机热量过高，会造成系统不稳定，也会减少笔记本式计算机的使用寿命，一些不当操作会导致笔记本式计算机的散热能力下降，因此，在使用过程中，要注意使用方法。

在使用笔记本式计算机的过程中，散热孔会沾上一些灰尘，这些灰尘会造成散热孔拥堵，无法有效散热。所以，要经常清洁笔记本式计算机散热孔。

（7）其他问题

计算机使用一个阶段后，就会出现速度变慢，反应迟缓，这是很正常的，一方面，垃圾文件太多了，需要清理；另一方面，不断地安装卸载，使硬盘比较零乱，需要梳理一下，用系统自带的磁盘清理功能即可，删除垃圾文件可以用 Windows 优化大师。做好杀毒工作，一周最少全面杀毒一次，并升级防火墙、病毒库、杀毒软件等。

小常识

1. 笔记本键盘字母变数字是怎么回事

笔记本键盘的部分按键，按下去后变成了数字，是键盘坏了，还是系统中毒了？

这个不是问题，是笔记本键盘的一种特殊功能。同时按住【Fn+Num】组合键，就能实现隐藏的数字键盘的开关了。

2. 笔记本独立显卡 N 卡与 A 卡

独立显卡主要分为两大类：nVIDIA 通常说的 N 卡和 ATI 通常说的 A 卡。通常，N 卡主要倾向于游戏方面，A 卡主要倾向于影视图像方面。但在非专业级别的测试上，这种倾向是较小的。现在随着画面的特效进入 DX10.1 时代，显卡也随之进行了相应的升级。两大显卡厂商 nVIDIA 和 ATI 相继推出新型显卡，nVIDIA 100M 系列和 ATI 4000 系列都有效支持 DX10.1 的特效处理。

课 后 习 题

一、填空题

1. 笔记本计算机俗称笔记本电脑，简称_____。

2. 笔记本式计算机一般可以分为_____、_____、_____、上网本和平板式计算机 5 类。

二、选择题

1. 目前在笔记本式计算机中使用的硬盘为（   ）英寸。

    A. 2.5   B. 1.8   C. 3.5   D. 5.25

2. 下列关于笔记本外壳的维护错误的是（   ）。

    A. 预防磨损

    B. 清洁外壳时要注意，为防止意外发生

    C. 在市面上买到塑料保护膜，然后把它贴在顶盖上

    D. 笔记本表面很脏时，用金属物把它刮去

三、操作题

请写出图 9-8 所示的笔记本硬件组成代表的名称。

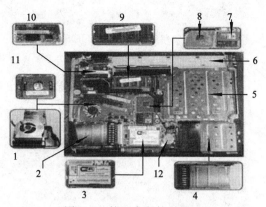

图 9-8 笔记本硬件组成

序　号	名　称	序　号	名　称
1		7	
2		8	
3		9	
4		10	
5		11	
6		12	

单元 十

BOIS 设置

引 言

组装好一台计算机后，还需要根据实际情况对主板上的 BIOS 进行设置。BIOS 设置将直接影响到整个计算机系统的性能与稳定性，必要时还需对系统进行优化，将计算机调整到最佳状态。

学习目标

通过本单元的学习，应该掌握以下几点：
- BIOS 的基本知识
- BIOS 的设置
- BIOS 的升级

任务十二　　BIOS 设置

任务描述

小王家的计算机中了病毒，开机后无法进入操作系统，于是他想重装操作系统，但当他把光盘放入光驱后，系统仍是从硬盘启动，而不是从光驱中的安装盘启动，小王想要了解这个问题的原因并找到解决的方法。

任务分析

我们在使用计算机之前，一定要确定它的硬件配置和参数，以便计算机启动时能够读取这些设置，保证系统的正常运行。通常情况下我们对硬件系统设置参数，即是对 BIOS 的设置。

任务实施

对于小王家计算机出现的问题，只要设置 BIOS 参数中系统的启动选项即可。操作步骤如下：
① 在计算机开机过程中，按【Del】键进入 BIOS 设置界面。
② 选定进入 Advanced Chipest Features 菜单项
③ 移动光标到 First Boot Device 项，使用【Page Up】键修改相应的值为 CD-ROM（光驱）。
④ 按【F10】键保存退出并重新引导计算机即可从光盘启动安装系统盘。

相关知识

1. BIOS 的基本知识

计算机用户在使用计算机的过程中，都会接触到 BIOS，它在计算机系统中起着非常重要的作用。一块主板的性能优越与否，很大程度上取决于主板上的 BIOS 管理功能是否先进。

1）BIOS 简介

BIOS 是 Basic Input Output System 的缩写，即"基本输入/输出系统"。其实，它是一组固化到计算机内主板上一个 ROM 芯片上的程序，保存着计算机上最重要的基本输入/输出程序、系统设置信息、开机上电自检程序和系统启动自检程序。其主要功能是为计算机提供最底层的、最直接的硬件设置和控制。BIOS 设置程序是储存在 BIOS 芯片中的，只有在开机时才可以进行设置。

CMOS 主要用于存储 BIOS 设置程序所设置的参数与数据，而 BIOS 设置程序主要对计算机的基本输入/输出系统进行管理和设置，使系统运行在最好状态下；使用 BIOS 设置程序还可以排除系统故障或者诊断系统问题。有人认为既然 BIOS 是"程序"，那它就应该是属于软件，就像常用的 Word 或 Excel。但也有很多人不这么认为，因为 BIOS 与一般的软件还是有一些区别，而且它与硬件的联系也是非常紧密。形象地说，BIOS 应该是连接软件程序与硬件设备的一座"桥梁"，负责解决硬件的即时要求。主板上的 BIOS 芯片或许是主板上唯一贴有标签的芯片，一般它是一块 32 针的双列直插式的集成电路，上面印有 BIOS 字样。

2）BIOS 的功能

（1）自检及初始化

自检及初始化具体有三个部分：

第一个部分是用于计算机刚接通电源时对硬件部分的检测，又称加电自检（Power On Self Test，POST），功能是检查计算机是否良好，通常完整的 POST 自检将包括对 CPU、640 KB 基本内存，1 MB 以上的扩展内存、ROM、主板、CMOS 存储器、串并口、显卡、软硬盘子系统及键盘进行测试，一旦在自检中发现问题，系统将给出提示信息或鸣笛警告。自检中如发现有错误，将按两种情况处理：对于严重故障（致命性故障）则停机，此时由于各种初始化操作还没完成，不能给出任何提示或信号；对于非严重故障则给出提示或声音报警信号，等待用户处理。

第二个部分是初始化，包括创建中断向量、设置寄存器、对一些外围设备进行初始化和检测等，其中很重要的一部分是 BIOS 设置，主要是对硬件设置的一些参数，当计算机启动时会读取这些参数，并和实际硬件设置进行比较。如果不符合，会影响系统的启动。

第三个部分是引导程序，功能是引导 DOS 或其他操作系统。BIOS 先从软盘或硬盘的开始扇区读取引导记录，如果没有找到，则会在显示器上显示没有引导设备。如果找到引导记录会把计算机的控制权转给引导记录，由引导记录把操作系统装入计算机，在计算机启动成功后，BIOS 的这部分任务就完成了。

（2）程序服务处理

程序服务处理程序主要是为应用程序和操作系统服务，这些服务主要与输入/输出设备有关，例如读磁盘、文件输出到打印机等。为了完成这些操作，BIOS 必须直接与计算机的 I/O 设备打交道，它通过端口发出命令，向各种外围设备传送数据以及从它们那儿接收数据，使程序能够脱离具体的硬件操作。

（3）硬件中断处理

硬件中断处理则分别处理计算机硬件的需求，BIOS 的服务功能是通过调用中断服务程序来实现的，这些服务分为很多组，每组有一个专门的中断。例如视频服务，中断号为 10H；屏幕打印，中断号为 05H；磁盘及串行口服务，中断号为 14H 等。每一组又根据具体功能细分为不同的服务号。应用程序需要使用哪些外设、进行什么操作只需要在程序中用相应的指令说明即可，无需直接控制。

第二点和第三点两部分虽然是两个独立的内容，但在使用上密切相关。这两部分分别为软件和硬件服务，组合到一起使计算机系统正常运行。

注意： BIOS 设置不当会直接损坏计算机的硬件，甚至烧毁主板，建议不熟悉者慎重修改设置。

（4）记录设置值

用户可以通过设置 BIOS 来改变各种不同的设置，比如 onboard 显卡的内存大小。

BIOS 的设置是否合理，将直接影响到系统的整体性能。一般来说，我们可以在 BIOS 中对以下的 CMOS 参数进行设置和优化：

- 磁盘设置：设置软盘尺寸、IDE 接口、启动顺序等。
- 内存设置：设置内存型号、容量、奇偶校验、ECC 校验、读写顺序等。
- CPU 设置：设置 L1 Cache（一级缓存）或 L2 Cache（二级缓存）的状态、CPU 外频、倍频、电压等。
- 总线设置：设置即插即用功能、PCI 插槽 IRQ 中断请求号、PCI/AGP 工作频率等。
- 主板上集成接口设置：设置串并口、I/O 地址、IRQ 及 DMA 设置、USB 接口等。
- 电源管理设置：设置节能状态、唤醒功能、IDE 设备断电方式、显示器断电方式等。
- 安全设置：设置病毒防护、开机口令、Setup 口令、CPU 温度、电压、风扇监控等。
- 其他参数设置：设置系统时钟、显示器类型、自检方式、键盘等。

以上只是一些通用的设置项，不同的 BIOS 会有不同的功能和设置选项。

2. 何种情况需进行 BIOS 设置

在 BIOS ROM 芯片中装有系统设置程序，即 CMOS RAM 的参数。如果 CMOS 中记录的硬件配置信息不正确，会导致部分硬件不能被识别，引起系统的软、硬件故障。所以对 BIOS 的正确设置非常重要，在分析和排除计算机故障、优化系统性能、保障系统安全性上有不可替代的作用。在以下几种情况下需对 BIOS 进行设置。

- 每当一台新计算机组装成功时应进行 CMOS 参数设置。
- 新增某些设备时，计算机不能识别，因为该设备不一定具备 PnP 即插即用功能，用户必须手动设置。
- CMOS 的数据被意外丢失、BIOS 的后备电池掉电、清除了 CMOS 参数或是 BIOS 被某些病毒破坏。
- CMOS 参数设置过高或过低，导致无法开机或其他的一些异常情况。

3. BIOS 的中英文图文详解

BIOS 的英文图文详解如图 10-1 所示，对应的中文翻译如表 10-1 所示。

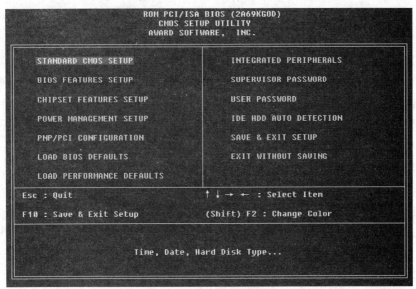

图 10-1　BIOS 设置界面

表 10-1　BIOS 参数说明

参　　数	说　　明	参　　数	说　　明
Standard CMOS Setup	标准 CMOS 设置	Integrated Peripherals	集成外设
BIOS Features Setup	BIOS 特性设置	Supervisor Password	管理者密码
Chipset Features Setup	芯片组的功能设置	User Password	用户密码设
Power Management Setup	电源管理设置	IDE HDD Auto Detection	IDE 硬盘自动检测
PNP/PCI Configuration Setup	即插即用与 PCI 状态设置	Save &Exit Setup	保存并退出
Load BIOS Defaults	载入 BIOS 默认值	Exit Without Saving	不保存并退出
Load Setup Defaults	加载 Setup 默认值		

4. 进入 BIOS 设置界面

要进行 CMOS，必须进入设置界面。不同的 BIOS 有不同的进入方法，通常会在开机画面有所提示。

- Award BIOS：在开机时按【Del】键。
- AMI BIOS：在开机时按【Del】或【Esc】键。
- Phoenix BIOS：在开机时按【F2】键。
- COMPAQ BIOS：在屏幕右上角出现光标时按【F10】键。
- AST BIOS：在开机时按【Ctrl+Alt+Esc】组合键。

CMOS 设置界面中，我们看到的是一幅幅英文设置界面，初学者往往对此望而生畏。其实，大多数情况下，大部分项目已经设置好了正确参数值，并且许多选项对计算机的运行影响不大，仅需要进行几项必要的基本设置，如设置软驱、检测硬盘参数和设置启动顺序等。

不同的 BIOS 其设置界面也有所不同，但功能基本一样，所要设置的项目也差不多，只要弄清一种 CMOS 的设置方法，其他的界面设置都可以触类旁通。

5. BIOS 详细设置

（1）Standard CMOS Setup（标准 CMOS 设置）

标准 CMOS 设置用于修改系统日期、时间、第一主 IDE 设备（硬盘）和从 IDE 设备（硬盘或

CD-ROM）、第二个主 IDE 设备（硬盘或 CD-ROM）和从 IDE 设备（硬盘或 CD-ROM）、软驱 A 与 B、显示系统的类型、何种出错状态导致系统启动暂停等。

硬盘参数设置：可以在 Type（类型）和 Mode（模式）项设置为 Auto，使 BIOS 自动检测硬盘。也可以在主菜单中的 IDE HDD Auto Detection 操作来设置。还可以使用 User 选项，手动设置硬盘的参数，但必须输入柱面数（Cyls）、磁头数（Heads）、写预补偿（Precomp）、磁头着陆区（Lands）、每柱面扇区数（Sectors）、工作模式（Mode）等几种参数，硬盘大小在上述参数设置后自动产生。

显示类型：可选 EGA/VGA/CGA/MONO 等 4 种，一般选择 VGA 模式。

暂停的出错状态选项如下：

① ALL Errors：BIOS 检测到任何错误，系统启动均暂停并给出出错提示。

② No Errors：BIOS 检测到任何错误都不使系统启动暂停。

③ All，But Keyboard：除键盘错误外，检测到任何其他错误，均暂停系统启动并给出出错提示。

④ All，But Disk/Key：除键盘、磁盘错误外，BIOS 检测到任何其他错误，均暂停系统启动并给出出错提示。

（2）BIOS Features Setup（BIOS 特性设置）

该项用来设置系统配置选项清单，其中有些选项由主板本身设计确定，有些选项可以进行修改设置，以改善系统的性能。主要设置选项如下：

① Virus Warning：病毒防御警告（默认值为 Disable），此功能可防止硬盘的关键磁区及分区被更改，任何试图写入该区的操作将会导致系统死机并出现警告信息。

② CPU Internal Cache：缺省为 Enable（开启），它允许系统使用内部的第一级 Cache。486、586 档次的 CPU 内部一般都带有 Cache，除非当该项设为开启时系统工作不正常，此项一般不要轻易改动。该项若置为 Disable（关闭），将会降低系统的性能。

③ Extenal Cache：缺省设为 Enable，它用来控制主板上的第二级（L2）Cache。根据主板上是否带有 Cache，选择该项的设置。

④ Quick Power On Self Test：默认值为 Enable，该选项主要功能为加速系统通电自测过程，它将跳过一些自测，使引导过程加快。

⑤ IDE HDD Block Mode Sectors：IDE 硬盘设置，预设值为 HDDMAX。新式 IDE 硬盘大多支持一次传输多个磁块功能，启用（Enable）功能可加快硬盘存取速度。选项有 HDDMAX、Disabled、2、4、8、16 及 32。

⑥ HDDSequence SCSI/IDE First：IDE/SCSI 硬盘开机优先顺序设置，默认值为 IDE。当同时安装 SCSI 及 IDE 硬盘时，本选项功能可用来选择以 SCSI 或 IDE 硬盘作为开机硬盘。

⑦ Boot Sequence：选择驱动器启动顺序，一般有 A,CD-ROM,C、CD-ROM，C,A、D,A、E,A、F,A、C Only、A,C 和 C,A 等几种启动顺序供选择。

⑧ Swap Floppy Drive：选择驱动器，默认设置为 Disable。设置为 Disable 时，BIOS 把软驱连线扭接端子所接的软盘驱动器当作第一驱动器。当它开启时，BIOS 将把软驱连线对接端所接的软盘驱动器当作第一驱动器，即在 DOS 下 A 盘当做 B 盘用，B 盘当做 A 盘用。

⑨ Floppy Disk Access Control：当该选项在 R/W 状态时，软驱可以读和写，其他状态只能读。

⑩ Boot Up Numlock Status：该选项用来设置小键盘的默认状态。当设置为 ON 时，系统启动后，小键盘默认为数字状态；设为 OFF 时，系统启动后，小键盘的状态为箭头状态。

⑪ BootUp System Speed：该选项用来确定系统启动时的速度为 HIGH 还是 LOW。

⑫ Typematic Rate Setting：该项可选 Enable 和 Disable。当设置为 Enable 时，如果按下键盘上的某个键不放，机器按照重复按下该键对待（重复按键速度可在下面的选项中设置）。当置为 Disable 时，如果按下键盘上的某个键不放，机器按输入该键一次对待。

⑬ Typematic Rate：如果上面的选项设置为 Enable，那么可以用此选项设置当您按下键盘上的某个键一秒钟，相当于按该键几次。该项可选 6、8、10、12、15、20、24、30。

⑭ Typematic Delay：如果 Typematic Rate Setting 选项为 Enable，那么可以用此项选项设置按下某一个键时，延迟多长时间后开始为重复输入该键。该项可选 250、500、750、1000，单位为毫秒（ms）。

⑮ Security Option：选择 System 时，每次开机启动时都会提示您输入密码，选择 Setup 时，仅在进入 CMOS Setup 时会提示您输入密码（该设置仅在设置了密码的情况下有效）。

⑯ PS/2 Mouse Function Control：当该项为 Enable，机器提供对于 PS/2 类型鼠标的支持。否则，选择 Disable。

⑰ Assign PCI IRQ For VGA：选择 Enable 时，机器将自动设置 PCI 显卡的 IRQ 到系统的 DRAM 中，以提高显示速度和改善系统的性能。

⑱ PCI/VGA Palett Snoop：该项用来设置 PCI/VGA 卡能否与 MPEGISA/VESAVGA 卡一起用，当 PCI/VGA 卡与 MPEGISA/VESAVGA 卡一起用时，该项应设为 Enable。否则，设为 Disable。

⑲ OS/2 Select For DRAM >64MB：该选项允许在 OS/2 操作系统中，使用 64 MB 以上的内存。该项可选为 NON–OS2,OS2。

⑳ System BIOS Shadow：该选项的默认值为 Enable，当它开启时，系统 BIOS 将会复制到系统中，以提高系统的速度和改善系统的性能。

㉑ Video BIOS Shadow：默认值为开启（Enable），当它开启时，显卡的 BIOS 将复制到系统中的 DRAM 中，以提高显示速度和改善系统的性能。

㉒ C8000–CBFFF Shadow/DFFF Shadow：这些内存区域用来作为其他扩充卡的 ROM 映射区，一般都设置为禁止（Enable）。如果有某一扩充卡 ROM 需要映射，则用户应搞清楚该 ROM 将映射的地址和范围，可以将上述的几个内存区域都设置为 Enable；但这样将造成内存空间的浪费。因为映射区的地址空间将占用系统的 640 KB~1 024 KB 之间的某一段内存。

（3）Chipset Features Setup（芯片组的功能设置）

该项用来设置系统板上芯片的特性，主要有以下几项：

① ISA Bus Clockfrequency（PCICLK/4）ISA：传输速率设置，设置值有 PCICLK/3, PCICLK/4。

② Auto Configuration：自动状态设置，当设置为 Enable 时 BIOS 以最佳状态设置，此时 BIOS 会自动设置为 DRAM Timing，所以会有无法修改 DRAM 的细项时序，建议选用 Enable，因为任意改变 DRAM 的时序可能造成系统不稳定或无法开机。

③ Aggressive Mode：高级模式设置，当想要获得较好的性能，而且系统又要在非常稳定的状态下运行，可以尝试 Enable 项，此项功能可增加系统效能，不过必须使用较高速度的 DRAM（60 ns 以下）。

④ VIDEO BIOS Cache：视频快取功能，默认值为 Disable。当为 Enable 时，启用快取功能以加快显示速度；为 Disable 时，取消此功能。

⑤ Memory Hole at Address：默认值为 None，一些 ISA 卡会要求使用 14 MB～16 MB 或 15 MB～

16 MB 的内存地址空间，若取 14 MB～16 MB 或 15 MB～16 MB，则系统无法使用这部分的空间。可选用 None 来取消此功能。

⑥ OnboardFDC Swap A：B：A、B 盘互换，默认值为 NoSwap，当启用 Enable 时则 A、B 盘互换，即原先的 A 盘被指定成 B 盘，B 盘被指定为 A 盘。这样就不需要再打开机箱互换排线。

⑦ Onboard Serial Port 1：默认值为 3F8H/IRQ4，设置主板上串口 1 的位址及 IRQ，可选择 3F8H/IRQ5、2F8H/IRQ3、3E8H/IRQ4、2E8H/IRQ10、Disable 等选项。

⑧ Onboard Serial Port 2：默认值为 2F8H/IRQ3，设置主机板上串口 1 的位址及 IRQ，也可选择 3F8H/IRQ4、2F8H/IRQ4、2E8H/IRQ10、Disable 等选项。

⑨ Onboard Parallel port：默认值为 378H/IRQ7，设置主板上并口的位址及 IRQ。

⑩ Parallel Port Mode：并口模式，默认值为 ECP+EPP，并口的操作模式可选择 Normal（一般速度单向运行），EPP（最高速双向运行）、ECP+EPP（ECP 与 EPP 两种模式并用）等选项。

⑪ ECP DMA Select：ECP DMA 通道选择，默认值为 3，若在 ECP 模式下操作时，则提供 DMA 通道选择，有 1、3、Disable 这 3 种设置。

⑫ UART2 UseInfrared：默认值为 Disable，本项功能用来支持红外线（IR）传输功能。设为 Enable 时，则设置第二序列 UART 支持 COM2。

⑬ Onborad PCI IDE Enable：主机板 IDE 通道设置，默认值为 Both，用来启用内建 IDE 通道。有 Primary IDE Channel（仅启动主 IDE 通道）、Secondary IDE Channel（仅启动辅 IDE 通道）、Both（第一、二 IDE 通道均启用）、Disable（禁用所有 IDE 通道）等选项。

⑭ IDE PCO Mode：这个设置取决于系统硬盘的速度，包括 Auto、0、1、2、3、4 等 6 个选项，Mode 硬盘传输速率大于 16.6 MB/s，其他模式的硬盘小于这个速率。

⑮ IDE UDMA（Ultra DMA）Mode：Intel 430TX 以后的芯片提供了（Ultra DMA Mode），它可以把传输速率提高到一个新的水平。

⑯ IDE 0 Master/Slave Mode，IDE 1 Master/Slave Mode：硬盘时序模式设置，默认值为 Auto，设为 Auto 时，系统会自动检查 4 个 IDE 装置的时序模式以确保以最佳速度运行，也可自动设置时序为（0，1，2，3，4）。

（4）Power Management Setup（电源管理设置）

电源管理设置用来控制主板上的绿色功能。该功能定时关闭视频显示和硬盘驱动器以实现节能的效果。具体来说，实现节电的模式有以下几种：

① Doze 模式：设置时间一到，CPU 时钟变慢，其他设备照常工作。

② Standby 模式：设置时间一到，硬盘和显示器将停止工作，其他设备照常工作。

③ Suspend 模式：设置时间一到，除 CPU 以外的所有其他设备都将停止工作。

④ HDD Power Down 模式：设置时间一到，硬盘停止工作，其他设备照常动作。

该菜单项下面可供选择的内容有以下几种：

① Power Management：节电模式的主控项，有 4 种设置。

② Max Saving：最大节电。在一个较短的系统不活动的周期（Doze、Standby、Suspend、HDD Power Down 这 4 种模式的默认值均为 1 min）以后，使系统进入节能模式，这种模式节能最大。

③ Min Saving：最小节电。在一段较长的系统不活动的周期（Doze、Standby、Suspend 这 3 种模式的默认值均为 1 h，HDD Power Down 模式的默认值为 15 min）以后，使系统进入节能模式。

④ Disable：关闭节电功能，是默认设置。

⑤ User Defined：用户定义。允许用户根据自己的需要设置节电的模式。

⑥ Video OFF Option：显示器关闭设置，默认值为 Susp,Stby->Off，本选项用来设置在任何模式下关闭显示器，选项如下：

- Susp,Stby->Off：只在待机（Standby）或暂停（Suspend）的省电模式下才关闭显示器。
- Suspend->Off：只在暂停（Suspend）模式下才关闭显示器。
- Alwayson：在任何模式下均不关，显示器照常显示。
- Allmodes->Off：在任何省电模式下均关闭显示器。

⑦ Video Off Method：视频关闭。该选项可设为 V/Hsync+Blank、Dpms、Blank Screen 这 3 种。分别说明如下：

- V/Hsync+Blank：将关闭显卡水平与垂直同步信号的输出端口，向视频缓冲区写入空白信号。
- Dpms：显示电源管理系统，设置允许 BIOS 在显卡有节能功能时，对显卡进行节能信息的初始化。只有显卡支持绿色功能时，用户才能使用这些设置。如果没有绿色功能，则应将该项设置为 Blank Screen（关闭屏幕）。
- Blank Screen：关闭屏幕。当管理系统关掉显示器屏幕时，默认设置能通过关闭显示器的垂直和水平扫描以节约更多的电能。没有绿色功能的显示器，默认设置只能关掉屏幕而不能终止 CRT 的扫描。
- PM Timers：电源管理计时器。下面的几项分别表示对电源管理超时设置的控制。Doze、Standby 和 Suspend Mode 项设置分别为该种模式激活前的机器闲置时间，在 MAX Saving 模式下，它每次在 1 min 后激活。在 MIN Saving 模式下，它在 1 h 后激活。
- Power Down、Resume Events：进入节电模式和从节电模式状态中唤醒的事件。该项下面所列的事件可以将硬盘设在最低耗电模式，工作、等待和悬挂系统等非活动模式中若有事件发生，如按任何键或 IRQ 唤醒、鼠标动作、Modem 振铃时，系统自动从电源节电模式下恢复过来。
- Soft-Off By Pwr-Bttn：ATX 机箱的设计不同于传统机箱，按下开关 4 s 以上才能关闭系统；选择 instant-off 方式将使 ATX 机器等同于传统机箱，而若置为 delay4sec 方式，则在按住开关的时间不足 4 s 时将使系统进入 Suspend Mode 状态。

（5）PNP/PCIConfiguration Setup（即插即用与 PCI 状态设置）

该菜单项用来设置即插即用设备和 PCI 设备的有关属性。

① PNP OS Installed：如果软件系统支持 Plug-Play，如 Windows 95/98，可以设置为 YES。

② Resource contrloledBy：AWARD BIOS 支持即插即用功能，可以检测到全部支持即插即用的设备，这种功能是为类似 Windows 95 的操作系统所设计，可以设置为 Auto（自动）或 Manual（手动）。

③ Resource Configuration Data：默认值是 Disable。如果选择 Enable，每次开机时，Extend System Configuration Data（扩展系统设置数据）都会重新设置。

④ 3/4/5/7/9/10/11/12/14/15,Assigned To：在默认状态下，所有的资源除了 IRQ3/4，都设计为被 PCI 设备占用，如果某些 ISA 卡要占用这些资源可以手动设置。

（6）Load BIOS Defaults（载入 BIOS 默认值）

当系统安装后不太稳定，则可以选用本功能，此时系统将会取消一些高效能的操作模式设置，而处于最保守的状态下。选择本项时，主画面会显示 Load BIOS Defaults(Y/N)?。输入【Y】并按【Enter】键即可载入 BIOS 默认值，但本项功能不会影响 CMOS 内存储的"标准设置"。

（7）Load Setup Defaults（加载 Setup 默认值）

Setup 默认值为 BIOS 出厂的设置值，此时系统会以最佳化的模式运行，选择此功能时，主画面会显示提示信息 Load Setup Defaults（Y/N）?。输入【Y】并按【Enter】键即可载入 SETUP 默认值。

（8）Supervisor Password And User Password Setup（管理者与用户密码设置）

User Password Setting 功能用于设置密码。如果要设置此密码，首先应输入当前密码，确定后按【Y】键，屏幕自动回到主画面。输入 User Password 可以使用系统，但不能修改 CMOS 的内容。

输入 Supervisor Password 可以输入、修改 CMOS BIOS 的值，Supervisor Password 是为了防止他人擅自修改 CMOS 的内容而设置的。用户如果使用 IDE 硬盘驱动器，该项功能可以自动读出硬盘参数，并将它们记入标准 CMOS 设置中，它最多可以读出 4 个 IDE 硬盘的参数。

（9）Save and Exit Setup（将当前设置保存并退出设置主画面）

选择该菜单选项时，并在出现的提示信息之后输入【Y】并按【Enter】键，将保存当前设置，并退出设置主菜单。

（10）Exit Without Saving（不保存当前设置值，退出设置主画面）

选择该菜单选项时并在出现的提示信息之后输入【Y】并按【Enter】键，将不保存当前设置值并退出设置主菜单。

6．BIOS 升级

（1）BIOS 升级介绍

升级 BIOS 最直接的好处是不用花钱就能获得许多新功能，比如能支持新频率和新类型的 CPU，例如以前的某些老主板通过升级 BIOS 支持图拉丁核心 Pentium III 和 Celeron，现在的某些主板通过升级 BIOS 能支持最新的 Prescott 核心 Pentium 4E CPU；突破容量限制，能直接使用大容量硬盘；获得新的启动方式；开启以前被屏蔽的功能，例如英特尔的超线程技术，VIA 的内存交错技术等；识别其他新硬件等。

BIOS 既然也是程序，就必然存在着 BUG，而且现在硬件技术发展日新月异，随着市场竞争的加剧，主板厂商推出产品的周期也越来越短，在 BIOS 编写上必然也有不尽如人意的地方，而这些 BUG 常会导致莫名其妙的故障，例如无故重启，经常死机，系统效能低下，设备冲突，硬件设备无故"丢失"等。在用户反馈以及厂商自己发现以后，负责任的厂商都会及时推出新版的 BIOS 以修正这些已知的 BUG，从而解决那些莫名其妙的故障。

由于 BIOS 升级具有一定的危险性，最大的忌讳就是升级过程中计算机断电。但是各主板厂商针对自己的产品和用户的实际需求，开发了许多 BIOS 特色技术。

除了厂商的新版 BIOS 之外，我们自己也能对 BIOS 作一定程度上的修改而获得某些新功能，例如更改能源之星 LOGO、更改全屏开机画面、获得某些品牌主板的特定功能（例如为非捷波主板添加捷波恢复精灵模块）、添加显卡 BIOS 模块拯救 BIOS 损坏的显卡、打开被主板厂商屏蔽了的芯片组功能、甚至支持新的 CPU 类型、直接支持大容量的硬盘而不用 DM 之类的软件等。不过这些都需要对 BIOS 非常熟悉而且有一定的动手能力和经验以后才能去做。

（2）升级 BIOS 要注意哪些问题

升级 BIOS 并不繁杂，但升级过程中一定要注意以下几点：

① 一定要在纯 DOS 环境下（就是不加任何配置和驱动）。

② 一定要用与主板相符的 BIOS 升级文件（虽说理论上只要芯片组一样的 BIOS 升级文件可以通用，但是由于芯片组一样的主板可能扩展槽等一些附加功能不同，所以可能产生一些副作用。因此尽可能用原厂提供的 BIOS 升级文件。）

③ BIOS 刷新程序要匹配。升级 BIOS 需要 BIOS 刷新程序和 BIOS 的最新数据文件，刷新程序负责把数据文件写入到 BIOS 的芯片中。一般情况下原厂的 BIOS 程序升级文件和刷新程序是配套的，所以最好一起下载。下面是不同 BIOS 的刷新程序：

AWDFLASH.EXE 对 Award BIOS，AMIFLASH.EXE 对 AMI BIOS，PHFLASH.EXE 对 Phoenix BIOS）。另外，不同厂家的 BIOS 文件，其文件的扩展名也不同，Award BIOS 的文件名一般为*.BIN，AMI BIOS 的文件名一般为*.ROM。

④ 一些报刊建议在软盘上升级，由于软盘的可靠性不如硬盘，如果在升级过程中数据读不出或只读出一半，就会造成升级失败，因此，最好在硬盘上做升级操作。

⑤ 升级前一定要做备份，这样如果升级不成功，还有恢复的希望。

⑥ 升级时要保留 BIOS 的 Boot Block 块，高版本的刷新程序的默认值就是不改写 Boot Block 块。

⑦ 有些主板生产商提供自己的升级软件程序（一般不能复制），注意在升级前在 BIOS 里把 System BIOS Cacheable 的选项设为 Disabled。

⑧ 写入过程中不允许停电或半途退出，所以如果条件允许，尽可能使用 UPS 电源，以防不测。

（3）升级前备份 BIOS 文件

启动计算机，自检完毕启动系统时，按【F8】调出启动选择菜单，选择 Safe mode command prompt only 进入纯 DOS 模式。运行刷新程序 AWDFLASH.EXE，出现图形化界面，提示输入新的 BIOS 文件名（升级文件）。如果不想升级 BIOS，可以不输入，直接按【Enter】键，程序提示是否保存原来的文件，选择 Y，出现升级程序检测画面并会提示你输入文件名，也就是备份的文件名，输入一个文件名保存即可。然后程序询问是否要升级 BIOS，选择 N，退出刷新程序。

BIOS 刷新程序，无论是在 DOS 环境下，还是在 Windows 环境下，均为英文操作界面。对于新用户来说，如果想刷新 BIOS，而且英文又不是太好，就有点困难。

由于 DOS 环境下刷新程序，使用起来比较麻烦；而且许多新用户对 DOS 环境比较陌生，那么是否可以在大家熟悉的 Windows 环境下进行刷新呢？其实 Award 早已推出了 Windows 环境下刷新程序 Winflash，而且可以使用中文版的 Winflash。

7. 使用中文版 Winflash 在 Windows 下升级 BIOS

用户可以在网上下载中文版 Winflash，安装后直接运行，即可显示操作界面，如图 10-2 所示。

Winflash 操作界面简洁直观，大致可分为工具栏、刷新设置、CMOS 设置、BIOS 信息以及 BIOS 刷新视图等。其中工具栏为一系列的刷新及操作；刷新设置为设置刷新时是否刷新的内容；CMOS 设置为刷新完成后，是否清除 CMOS，是否调入 CMOS 原始默认设置；BIOS 信息显示 BIOS 日期及芯片型号；BIOS 刷新视图显示刷新的内容和 BIOS ID，与刷新设置对应，在刷新设置中选择的选项，即在此显示出来；也可在视图上直接用鼠标选择。

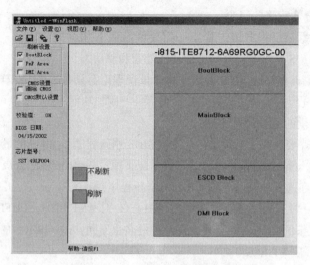

图 10-2　Winflash 操作界面

注意： Winflash 可能无法支持一些老主板的 BIOS 芯片，只要 Winflash 能够检测出 BIOS 芯片的型号及 BIOS ID，即可使用；单击"视图"→"BIOS 信息"命令，也可检测出 BIOS 芯片的型号及 BIOS ID，如图 10-3 所示。

在刷新前，一定要保存原 BIOS 文件，单击 ■ 按钮，在弹出的"另存为"对话框中选择需要保存文件的路径及输入文件名，如图 10-4 所示；点击保存后在出现的"BIOS 备份"对话框中，点击"备份"按钮，即可将原 BIOS 文件保存，如图 10-5 所示。

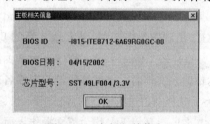

图 10-3　主板相关信息

图 10-4　"另存为"对话框

对于 BIOS 文件名和扩展名，可以是任意的 ASCII 码。因为 BIOS 只是一个可执行的二进制代码，对于扩展名没有太多的定议，只要不超过 3 个字节即可。但一般情况下，AWARD BIOS 的文件扩展名为 bin。

将原 BIOS 备份后，即可进行刷新操作了。在刷新前我们可以在"刷新设置"中设置刷新时是否更新的内容。一般情况下为不选择，特别是 BOOT BLOCK 块，应尽可能地不更新；以便刷新失败或 BIOS 文件不正确时，我们可以使用其启动块，重新恢复 BIOS。

单击 ■ 按钮，在"打开"对话框中选择需要升级的 BIOS 文件，单击"打开"按钮；此时如选择的 BIOS 文件字节与 BIOS 芯片的容量不符，将提示"文件字节错误"的警告对话框，单击"确定"按钮，仍可出现刷新提示，此时一定要仔细辨别载入 BIOS 文件的正确性，如图 10-6 所示。

图 10-5 BIOS 备份　　　　　　　　　　图 10-6 BIOS 刷新

调入正确的 BIOS 文件，将弹出"刷新"对话框，单击"刷新"按钮，刷新程序将把调入的升级版 BIOS 按我们在"刷新设置"中设置的刷新内容，一步步将 BIOS 文件写入到主板 BIOS 芯片中。刷新完成后，会提示现在是否启动计算机的选择框，因为刷新后，只有重新启动计算机，新 BIOS 才能调用，因此单击 Yes 按钮；如果不能确定升级的 BIOS 文件是否正确，可以单击 NO 按钮，按照刷新步骤将备份的 BIOS 文件重新写入即可，如图 10-7 所示。

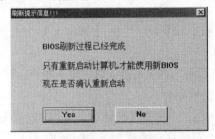

图 10-7 刷新提示信息

注意：

- 刷新时，与 DOS 环境下刷新一样，不能中途停止或断电；因此如有条件，最好使用 UPS 等不间断电源。
- 刷新前，一定要关闭防病毒监控程序、CPU 降温程序等后台运行程序；以便使刷新过程不间断。刷新前，一定要做好原 BIOS 文件的备份，以防万一。
- 刷新有一定的危险性，因此一定要慎重。

小常识

BIOS 密码的去除与破解方法：密码固然有保护作用，但若自己忘了密码却会带来麻烦。因此，除了会设置密码外，更要学会去除和破解密码。

1．密码的去除

密码的去除是指在已经知道密码的情况下去除密码。方法是：进入 BIOS 设置画面，选择已经设置密码的 SUPERVISOR PASSWORD 或 USER PASSWORD，按【Enter】键后，弹出 Enter Password 提示框时，不要输入密码，直接按【Enter】键。此时屏幕出现提示：

PASSWORD DISABLED！！！（去除密码！！！）
Press any key to continue……（按任意键继续……）
按任意键后退出保存，密码便被去除。

2．密码的破解

密码的破解是指在忘记密码，无法进入 BIOS 设置或无法进入操作系统的情况下破解密码。方法如下：

（1）程序破解法

此法适用于可进入操作系统，但无法进入 BIOS 设置（要求输入密码）。具体方法是：将计算机切换到 DOS 状态，在提示符 C:WINDOWS>后面输入以下破解程序：

```
debug
- O 70 10
- O 71 ff
- q
```

再用 exit 命令退出 DOS，密码即被破解。因 BIOS 版本不同，有时此程序无法破解时，可采用另一个与之类似的程序来破解：

```
debug
- O 71 20
- O 70 21
- q
```

用 exit 命令退出 DOS，重新启动并按住【Del】键进入 BIOS，此时会发现已经破解密码。

（2）放电法

当 "BIOS 设置" 和 "操作系统" 均无法进入时，便不能切换到 DOS 方式用程序来破解密码。此时，只有采用放电法。放电法有两种：

① 跳线放电法：拆开主机箱，在主板上找到一个与 COMS 有关的跳线（参考主板说明书），此跳线平时插在 1-2 的针脚上，只要将它插在 2-3 的针脚上，然后再放回 1-2 针脚即可清除密码。

② COMS 电池放电法：拆开主机箱，在主板上找到一粒纽扣式的电池，叫 CMOS 电池（用于 BIOS 的单独供电，保证 BIOS 的设置不因计算机的断电而丢失），取出 COMS 电池，等待 5 min 后放回电池，密码即可解除。但此时 BIOS 的密码不论如何设置，用万能密码均可进入 BIOS 设置和操作系统。当然，自己设置的密码同样可以使用。BIOS 中的其他设置将恢复到原来状态，要优化计算机性能或解决硬件冲突需要重新设置。

（3）万能密码

生产较早的某些主板，厂家设有万能密码（参考主板说明书），如以 6 个*作为万能密码。这种主板，BIOS 的密码不论如何设置，用万能密码均可进入 BIOS 设置和操作系统。当然，自己设置的密码同样可以使用。

Award BIOS 通用密码有 j256、LKWPPETER、wantgirl、Ebbb、Syxz、aLLy、AWARD?SW、AWARD_SW、j262、HLT、SER、SKY_FOX、BIOSTAR、ALFAROME、lkwpeter、589721、awkard、h996、CONCAT、589589。

AMI BIOS 通用密码有 AMI、BIOS、PASSWORD、HEWITT RAND、AMI_SW、LKWPETER、A.M.I。

课 后 习 题

一、填空题

1. BIOS 是 Basic Input Output System 的缩写，即_____。

2. BIOS 的功能主要有_____、_____、_____和记录设置值。

3. 对于 Award BIOS 在计算机系统启动过程中按_____键可进入 CMOS 设置程序。

4. POST 出错提示：CMOS battery low 的中文意思是_____。

二、选择题

1. 我们通常说的"BIOS 设置"或"COMS 设置"其完整的说法是（　　　）。

    A. 利用 BIOS 设置程序对 CMOS 参数进行设置

    B. 利用 CMOS 设置程序对 BIOS 参数进行设置

    C. 利用 CMOS 设置程序对 CMOS 参数进行设置

    D. 利用 BIOS 设置程序对 BIOS 参数进行设置

2. 当要求系统从光驱启动时，在 BIOS 设置中一般把 Boot Sequence 设置为（　　　）。

    A. A,CD-ROM,C   B. CD-ROM,C,A

    C. C,CD-ROM,A   D. C,A,CD-ROM

三、操作题

图 10-8 所示是一个 CMOS 参数设置示意图，请对左右两栏中各项所对应的主要功能进行翻译。

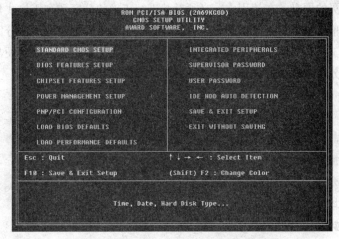

图 10-8　CMOS 参数设置

单元 十一

硬盘分区格式化和系统安装

引 言

对于一块新购买的硬盘，在使用之前必须对其进行正确的分区和高级格式化，并装入操作系统，才能使用。本单元主要讲述什么是分区、硬盘分区的基本类型、常用的分区方法、硬盘的高级格式化、安装 Windows XP 操作系统等内容。通过本单元的学习，应该对硬盘分区有一个初步的认识，掌握硬盘分区、高级格式化的实现和操作系统安装。

学习目标

学习本单元后，应掌握以下几点：

- 硬盘分区的概念
- 硬盘分区的分类
- 利用软件分区
- 其他分区方法
- 操作系统的安装
- Ghost 软件使用方法

任务十三　硬盘分区及格式化

任务描述

或许我们会遇到这样的问题：刚新买回来的计算机硬盘只有一个分区，想把它分成两个或多个分区，这样方便文件的归类；最近某个磁盘中的文件总是会丢失，认为是中毒了，然后就用杀毒软件杀毒，但是并没有什么效果，所以想把磁盘格式化。这些问题都是比较常见的，我们该怎么解决呢？

任务分析

"分区"和"格式化"这两个词语对于使用过计算机的我们是比较熟悉的，也是在使用计算机的过程中会经常接触的。打个比喻，分区就相当于在一张大白纸上先画一个大方框，格式化就相当于在这个方框中打上格子，安装程序就相当于在格子里写字。

任务实施

为了解决该问题,我们就必须学会如何分区,如何格式化,但前提是我们应该了解什么是"分区",什么是"格式化"。本章的前部分主要介绍的是分区和格式化的具体方法,只要掌握了这部分知识,就可以轻松解决上述问题。

相关知识

1.硬盘分区的概念

所谓硬盘分区,就是将硬盘的整体存储空间划分成相互独立的多个区域。这些区域可以用做多种用途,如安装不同的操作系统和应用程序、储存文件等。现在生产的硬盘容量大,在使用硬盘前,需要对硬盘进行分区。如果只作一个驱动器来使用,会造成硬盘空间的浪费,并且会带来文件管理和维护上的不方便。因此要对硬盘进行分区操作,做到合理分配、合理使用,充分发挥大硬盘的作用。

一般在以下情况需进行硬盘分区:

① 安装了新的硬盘,还未进行分区。

② 改变现有的分区方案。

③ 因病毒、误操作等原因破坏了硬盘分区信息。

2.硬盘分区的一般概念

① 基本分区(主分区):包含操作系统启动所必须的文件和数据的硬盘分区叫基本分区。系统将从这个分区查找和调用操作系统所必须的文件和数据。一个操作系统必须有一个基本分区,也只能有一个基本分区,在一个硬盘上可以有不超过4个的基本分区。

② 扩展分区:硬盘中扩展分区是可选的,即用户可以根据需要及操作系统的磁盘管理能力而设置扩展分区。

③ 逻辑分区:扩展分区不能直接使用,要将其分成一个或多个逻辑驱动的区域,才能为操作系统识别和使用。理论上来说,逻辑分区可以有无限多个,但是受操作系统的限制,一般最多只允许建立23个逻辑分区,即在 Windows 操作系统中其盘符将从 D 到 Z。

④ 活动分区:当从硬盘启动系统时,有一个分区并且只能有一个分区中的操作系统进入运行,这个分区叫做活动分区。当用 Fdisk 做硬盘分区时,有一步骤是将基本分区激活,含义就是将 DOS 基本分区定义为活动分区。

硬盘分区后的示意图,如图 11-1 所示。

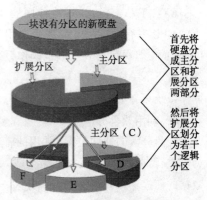

图 11-1　硬盘分区示意图

3.文件系统

根据目前的流行操作系统来看,常见的分区格式有 FAT16、FAT32、NTFS 和 EXT2/EXT3 这 4 种格式。

(1) FAT16

FAT16 是 MS-DOS 和早期的 Windows 95 操作系统中最常见的磁盘分区格式。采用 16 位的文件分配表，能支持最大为 2 GB 的硬盘，是目前应用最为广泛和获得操作系统支持最多的一种硬盘分区格式，几乎所有的操作系统都支持这一种格式，从 DOS、Winwods 95/98/NT/Me/2000/XP，甚至 Linux 都支持这种分区格式。但 FAT16 分区格式有个最大的缺点，即硬盘利用效率低。因为在 DOS 和 Windows 系统中，硬盘文件的分配是以簇为单位的，一个簇只分配给一个文件使用，不管这个文件占用整个簇容量的多少。这样，即使一个文件很少的话，也要占用一个簇，剩余的空间变便全部闲置，形成了硬盘空间的浪费。由于分区表容量的限制，FAT16 支持的分区越大，硬盘上的每个簇的容量也越大，造成的浪费也越多。

（2）FAT32

FAT32 格式采用 32 位的文件分配表，对硬盘的管理能力大大增强，突破了 FAT16 对每一个分区容量只有 2 GB 的限制。由于现在的硬盘生产成本下降，其容量越来越大，运用 FAT32 分区格式后，可以将一个大硬盘定义成一个分区而不必分为几个区使用，方便对硬盘的管理。此外，在一个不超过 8 GB 的分区中，FAT32 分区格式的每个簇容量都固定为 4 KB，与 FAT16 相比，可以减少硬盘的浪费而提高硬盘利用率。目前，支持这一硬盘分区格式的操作系统有 Windows 95 OSR2/98/2000/XP。

FAT32 分区格式也有它的缺点，首先是采用 FAT32 格式分区的硬盘，由于文件分配表的扩大，运行速度比采用 FAT16 格式分区的硬盘要慢，且 DOS 系统和某些早期的应用软件不支持这种分区格式。

（3）NTFS

NTFS 分区格式具有极高的安全性和稳定性，在使用中不易产生文件碎片。对用户操作进行记录，通过对用户权限进行严格限制，使每个用户只能按照系统赋予的权限进行操作，充分保护了系统与数据安全。但目前支持这种分区格式的操作系统只有 Windows NT、Windows 2000、Windows Xp。

（4）EXT2/EXT3

EXT2/EXT3 是 Linux 中使用最多的一种文件系统，专门为 Linux 设计，拥有最快的速度和最小的 CPU 占有用率。EXT2 既可以用于标准块设备（如硬盘），也被应用在软盘等移动存储设备上。Linux 的磁盘分区格式与其他操作系统完全不同，其 C、D、E、F 等分区的意义也和 Windows 操作系统下不一样，使用 Linux 操作系统后，死机的机会大大减少，但是目前支持这一分区格式的操作系统只有 Linux。

4．利用软件分区

硬盘分区的软件很多，常用的有 Fdisk、Partition Magic、Disk Genius。本文以 Partition Magic 8.0 为例进行讲解。Partition Magic 是一个优秀硬盘分区管理工具。该工具可以在不损失硬盘中已有数据的前提下对硬盘进行重新分区、格式化分区、复制分区、移动分区、隐藏/重现分区、从任意分区引导系统、转换分区等。

下载后解压缩可得到 Setup.exe 文件。双击该文件即可开始安装，显示如图 11-2 所示。

然后单击"下一步"按钮，弹出图 11-3 所示的界面。单击"下一步"按钮。

弹出图 11-4 所示的界面，要求选择安装目录。

使用默认值即可，单击"下一步"按钮，弹出图 11-5 所示的界面。

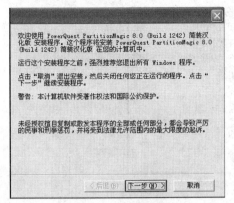

图 11-2 欢迎画面

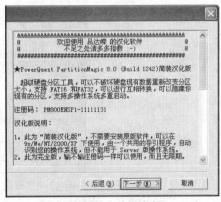

图 11-3 重要注释

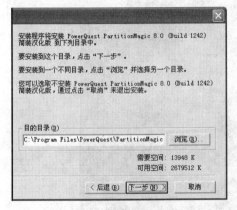

图 11-4 选择安装目录

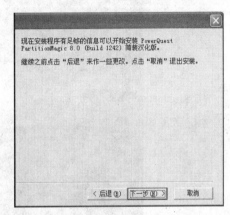

图 11-5 准备安装

直接单击"下一步"按钮，弹出图 11-6 所示的界面。安装完成后，弹出图 11-7 所示的界面。

图 11-6 复制文件

图 11-7 安装完成

单击"关闭"按钮结束安装，弹出图 11-8 所示的窗口，程序自动打开硬盘分区魔术师所在的文件夹。

同时在桌面上也多了一个硬盘分区魔术师 8.0 的快捷方式图标，如图 11-9 所示。

图 11-8　硬盘分区魔术师所在的文件夹

图 11-9　硬盘分区魔术师 8.0 的快捷方式图标

　　若想将 NTFS 文件系统格式的 C 盘 4 000 MB 增大为 4 500 MB，增大部分的空间从 FAT32 文件系统格式的 D 盘中减除。双击桌面上的硬盘分区魔术师 8.0 的快捷方式图标，启动硬盘分区魔术师 8.0 程序，弹出图 11-10 所示的窗口。

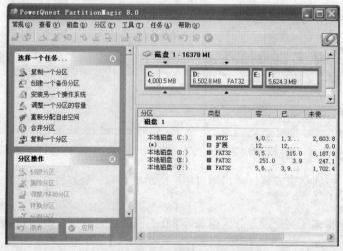

图 11-10　启动硬盘分区魔术师程序

在右侧分区列表中，选中分区后可对该分区进行各类常规操作。程序窗口左侧的"选择一个任务..."列表中，列出的各项任务是对整个硬盘进行操作。将鼠标指向"调整一个分区的容量"超链接，准备对 C 盘的容量进行调整，如图 11-11 所示。

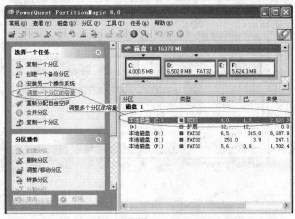

图 11-11　准备对 C 盘的容量进行调整

单击"调整一个分区的容量"超链接，弹出"调整分区的容量"界面，如图 11-12 所示。

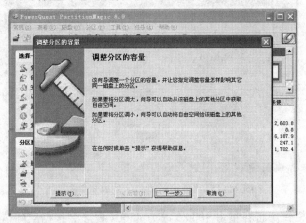

图 11-12　"调整分区的容量"界面

单击"下一步"按钮，弹出图 11-13 所示的界面。

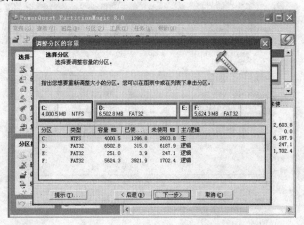

图 11-13　"选择分区"界面

单击 C 分区，使其被选中而标注为蓝色，如图 11-14 所示。

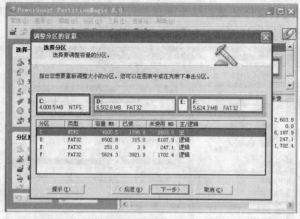

图 11-14　单击 C 分区

C 分区被选中后，单击"下一步"按钮，弹出图 11-15 所示的界面。

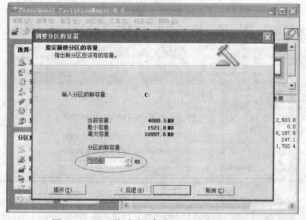

图 11-15　"指定新建分区的容量"界面

在分区的新容量栏目中将容量由 4000.5 改为 4500（程序会根据实际情况自动改为最合适并最接近的数值），改动后单击"下一步"按钮，弹出图 11-16 所示的界面。

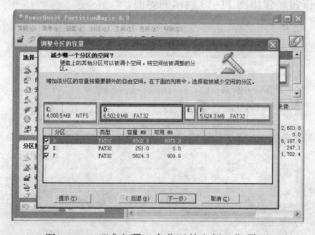

图 11-16　"减少哪一个分区的空间？"界面

　　增加 C 盘的容量需要从其他盘中取得空间，默认情况下是从其他所有分区中均匀地提取。这里从 D 盘中提取空间给 C 盘，因此单击分区列表中的 E 和 F 分区，取消选择 E 和 F 分区，只保留 D 盘，如图 11-17 所示。

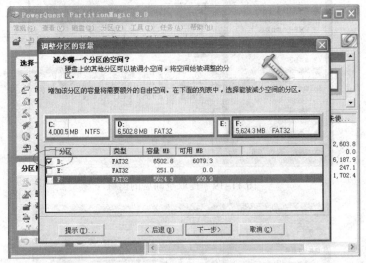

图 11-17　取消选择 E 和 F 分区

　　单击"下一步"按钮，弹出图 11-18 所示的界面，显示调整分区空间前和调查分区空间后的对比图。

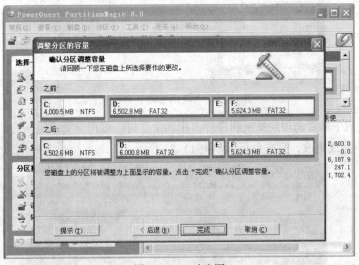

图 11-18　对比图

　　单击"完成"按钮关闭向导，否则单击"后退"按钮返回上一步再操作。单击"完成"按钮后显示如图 11-19 所示。从图中可见，窗口左下角的"撤销"和"应用"两个按钮在关闭向导后变为可操作状态，只有单击这两个按钮后，程序才做出相应的动作。

　　在确认已经关闭其他所有应用程序（包括防毒软件）后，单击"应用"按钮，开始调整分区容量，弹出图 11-20 所示的对话框。提示应用更改需要 3 个操作过程（程序会自动完成），是否立即应用，单击"是"开始应用更改。

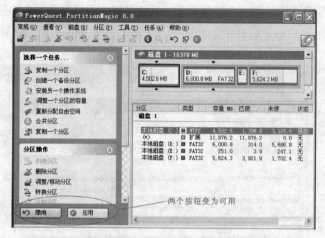

图 11-19   提取空间后的窗口

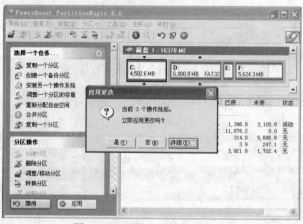

图 11-20   "应用更改"对话框

如果更改过程中需要调用到系统程序所占用的文件时，程序会要求重新启动并在重启时自动进入 DOS 状态下完成更改，完成后显示如图 11-21 所示。

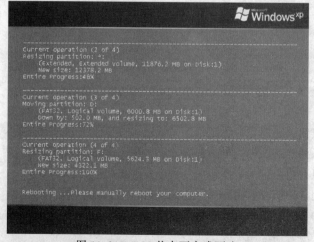

图 11-21   DOS 状态下完成更改

如果更改过程中不需要调用到系统程序所占用的文件时会显示图 11-22 所示的对话框。

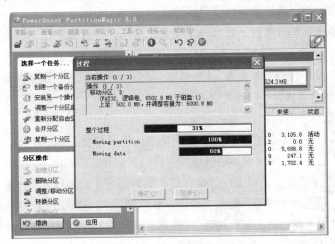

图 11-22 "过程"对话框

调整分区容量完成后，显示如图 11-23 所示。

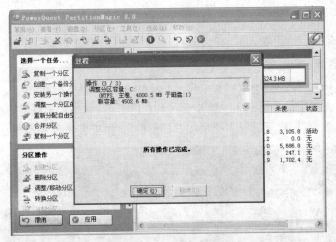

图 11-23 所有操作已完成

单击"确定"按钮关闭"过程"对话框，显示如图 11-24 所示。

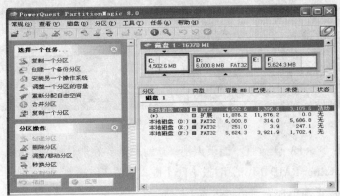

图 11-24 分区的最新状态

5. 其他分区方法

（1）利用 Windows XP 系统的磁盘管理器分区

① 右击"我的计算机"图标，在弹出的对话框中选择"管理"命令，在弹出的对话框中选择"存储"选项区，单击"磁盘管理"按钮，显示计算机的硬盘分区情况。

② 右击某一分区（不要选择 C 盘），在弹出的快捷菜单中选择"删除逻辑驱动器"命令，用此法将非 C 盘的分区全部删除，C 盘之后的分区删除完毕后会出现一个"未指派"，这就是硬盘上非系统盘之外的硬盘空间。

③ 右击"未指派"分区，在弹出的快捷菜单中选择"新建逻辑驱动器"命令，在弹出的界面中单击"下一步"按钮，在分区大小栏中输入分区数值（单位是 MB，因为 1 GB 约等于 1 000 M，所以当我们想为一个盘符分区设定 30 GB 时，输入的数据应该是 30000，若是 100 GB，输入的数字应该是 100000），单击"下一步"按钮，设定好驱动器号（一般不用改），单击"下一步"按钮。

④ 选择是否格式化新分区，为了方便，一般将 D 盘设定为 FAT32，并且最好不要超过 30 GB，用于存放系统备份、软件备份、资料等。其他盘符自选，建议使用 NTFS，虽然 NTFS 格式不能被 DOS 读取，但 NTFS 较安全。

⑤ 选择"快速格式化"复选框，即便是新购机，硬盘在出厂时都进行过格式化，所以不需要慢速格式化。

⑥ 分区完成。

（2）利用系统盘进行分区

① 开机后按【Del】键进入 BIOS 设定界面，进入 Advanced BIOS Features 选项，在 Bios Sequence 中设置启动顺序为光盘启动（见图 11-25），按【F10】键保存退出（主板采用的 BIOS 不同，设置方法也会稍有区别）。重新启动后根据提示按"任意键"，由安装光盘来引导计算机启动。

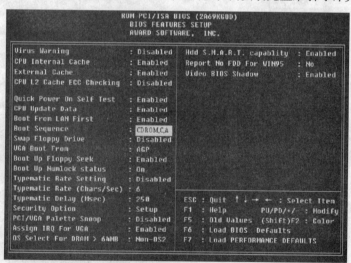

图 11-25 BIOS 界面

② 如果使用的 S-ATA 硬盘且不能被识别，这时就需要在屏幕出现 Press F6 if you need to install a third party SCSI or RAID driver...时按【F6】键，如图 11-26 所示，使用加载 S-ATA 硬盘的驱动程序，当硬盘被正确识别后就可以进入下一步。

图 11-26 安装界面

③ 安装光盘引导计算机启动成功后出现"欢迎使用安装程序"界面（见图 11-27），分区格式化的工作将从这里起步。

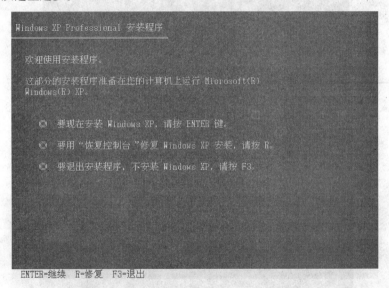

图 11-27 安装程序界面

④ 选择"要现在安装 Windows XP，请按 ENTER 键"后按【Enter】键，进入磁盘分区页面。如果磁盘尚未分区则显示"未划分的空间"及其容量的大小（见图 11-28）；如果已经划分过分区则显示分区的数目及对应的容量。

⑤ 在未划分的分区选项下直接按【C】键进行分区划分，在弹出的界面中输入第一个分区的大小数值并按【Enter】键确认，如图 11-29 所示。

⑥ 返回图 11-28 所示的界面中，下移光标键选择未划分的空间，重复上述操作直至全部分区划分完毕，遗憾的是最后有 8 MB 空间不能被分配，如图 11-30 所示。

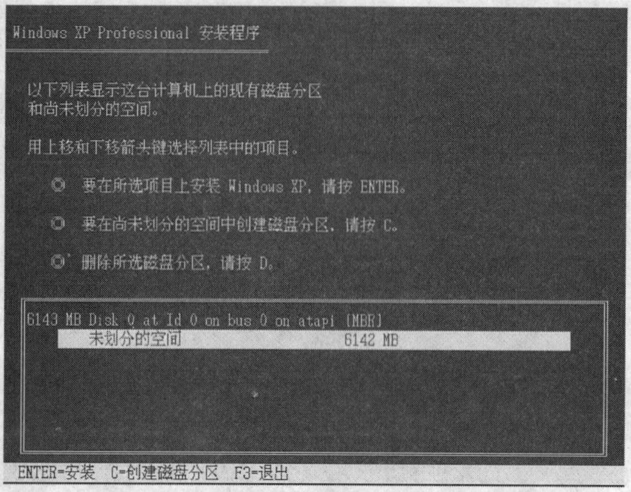

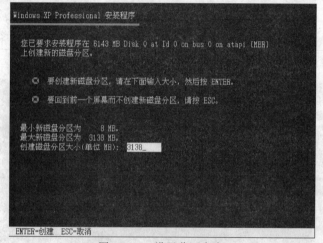

图 11-28　磁盘分区

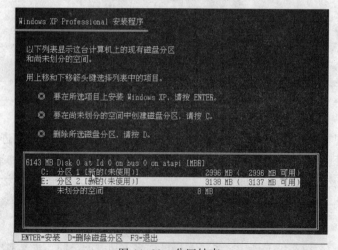

图 11-29　设置分区大小

图 11-30　分区结束

6．硬盘高级格式化

硬盘分区结束后，重新启动计算机，再对硬盘进行高级格式化才能安装操作系统等软件。格式化的种类有：

（1）进行高级格式化

分区完成后，还必须对硬盘进行高级格式化，硬盘格式化的操作是使用 DOS 系统的 Format 命令来完成。可依次对 C、D、E、…盘进行格式化。

（2）文件系统转换

使用 NTFS 分区，可以更好地管理磁盘及提高系统的安全性；硬盘为 NTFS 格式时，碎片整理也快很多。在安装的过程中可以选择使用 NTFS 还是 FAT 分区。如果在安装过程中选择了 FAT，可以用下面的办法来把它转换成 NTFS：

① 依次选择"开始"→"运行"命令，在弹出对话框中输入 cmd 并按【Enter】键，打开命令提示符窗口。

② 在提示符下输入 convert disk:/FS:NTFS 后按【Enter】键。注意在 convert 的后面有一个空格，如输入 convert f:/FS:NTFS，把 F 盘转换为 NTFS 格式。

③ 如果驱动器有卷标，系统会要求输入卷标，然后按【Enter】键可通过右击驱动器在其"属性"对话框中查看卷标，若驱动器没有卷标，则直接进行转换。

④ 转换完成后，补充会报告所转换的磁盘分区情况。

（3）用系统自带功能格式化磁盘

安装 Windows 的操作系统后，如需格式化 D 盘，则右击 D 盘，在弹出的快捷菜单中选择"格式化"命令，弹出格式化对话框进行格式化，如图 11-31 所示。

图 11-31　格式化对话框

任务十四　操作系统的安装

任务描述

我们在购买计算机时，操作系统都由销售人员来安装，所以我们可以直接使用。如果自己安装该如何去实现呢？

任务分析

操作系统作为计算机的"灵魂"，作为我们与计算机沟通的桥梁，其重要性是不可否认的。一旦出现了问题，就会影响到我们对计算机的使用。安装操作系统完全没必要花钱请别人安装，完全可以自己安装，不仅节省时间和金钱，也能提高我们的实际操作能力。

任务实施

安装操作系统相对来说是个比较简单的问题，只要熟悉了安装的步骤，就可以轻松完成系统的安装。

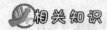相关知识

1. 光盘安装

采用光盘启动安装会覆盖硬盘中原来的操作系统，因此在安装之前必须对文件进行备份。

要实现光盘启动安装，首先需要对计算机主板的 BIOS 进行设置，以使系统能够从光盘启动。其方法如下：

① 启动计算机，当屏幕上显示 Press Del to Enter BIOS Setup 提示信息时，按下键盘上的【Del】键，进入主板 BIOS 设置界面。

② 选择 Advanced BIOS Features 选项，按【Enter】键进入设置程序。选择 First Boot Device 选项，然后按键盘上的【Page Up】或【Page Down】键将该项设置为 CD ROM，这样即可将光驱设置为第一启动设备，如图 11-32 所示。

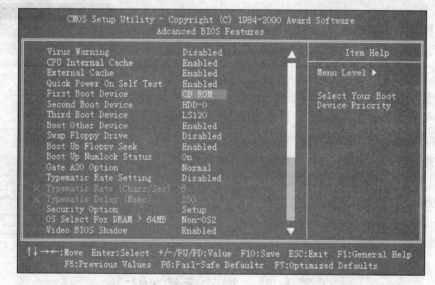

图 11-32　设置第一启动设备

③ 返回主菜单，保存 BIOS 设置。

然后用户便可将 Windows XP 安装光盘插入光驱，并重新启动计算机，系统便开始从光盘进行引导，并显示安装向导界面，用户可根据提示一步步进行安装设置。具体安装过程如下：

① 根据提示按【Enter】键，系统将重新启动计算机。重启后安装程序将提示用户选择安装程序要执行的任务，如图 10-33 所示。

② 由于我们要安装新的系统，所以按【Enter】键即可，此时安装程序将显示一个安装许可证，如图 10-34 示。

③ 按【F8】键，同意上述许可声明，弹出图 11-35 所示的界面，要求用户选择程序将安装在哪个驱动器上。

④ 选择要安装的驱动器，通常情况下，可以将系统安装在 C 盘上，如果 C 盘上还存在其他系统，也可以将系统安装在 D 盘或其他盘上。选择完毕后按 Enter 键，此时安装程序将要求用户为该分区设置一种分区格式，如图 11-36 所示。

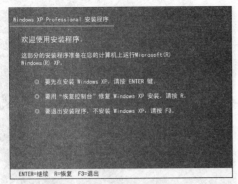

图 11-33 选择要执行的任务

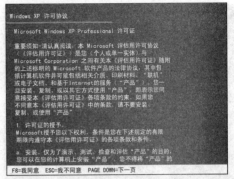

图 11-34 安装许可证

⑤ 在此用户需要设置用于安装 Windows XP 的分区格式,如果用户的磁盘已经进行了格式化,并且该驱动器中还存在其他文件,那么可选择【保持现有文件系统(无变化)】选项。此时安装程序如图 11-36 所示。

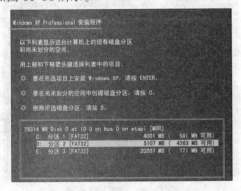

图 11-35 选择要安装的驱动器

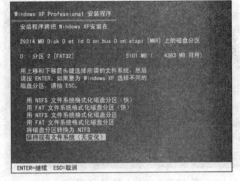

图 11-36 选择分区格式

⑥ 此时安装程序将开始检测磁盘,并将文件复制到 Windows XP 的安装文件夹中,如图 11-37 所示。完成后将提示用户重新启动计算机。

⑦ 按【Enter】键重新启动计算机,如图 11-38 所示。此时程序开始安装硬件设备,如图 11-39 所示。

⑧ 完成后弹出"区域和语言设置选项"界面,如图 11-40 所示。可以用来确定系统的数字、日期和货币的显示格式,还可以设置支持语言和所在区域。通常我们只需采用默认的设置即可。

图 11-37 安装程序检测磁盘

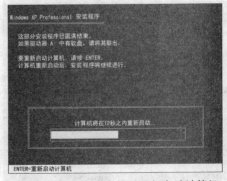

图 11-38 安装程序提示重新启动计算机

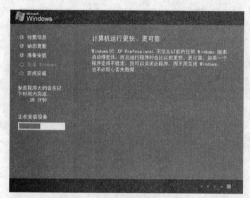

图 11-39　安装硬件设备

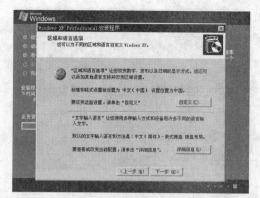

图 11-40　设置区域和语言选项

⑨ 单击"下一步"按钮，安装程序要求用户输入姓名和单位，如图 11-41 所示。

⑩ 完成后单击"下一步"按钮，安装程序将要求用户输入软件的序列号，如图 11-42 所示。

图 11-41　输入姓名和单位

图 11-42　输入序列号

⑪ 输入序列号后，单击"下一步"按钮，如图 11-43 所示。此时安装程序要求用户设定计算机的名称以及系统管理员的账户密码。在"计算机名"文本框中输入用户要设置的计算机的名称，在"系统管理员密码"文本框中设定一个账户密码，用户必须牢记这个密码，否则将无法登录到系统中。

⑫ 单击"下一步"按钮，弹出如图 11-44 所示的界面。安装程序要求用户设置系统的日期和时间。

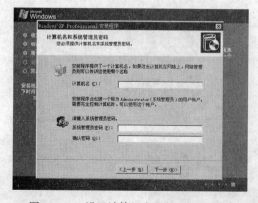

图 11-43　设置计算机名和管理员密码

图 11-44　设置系统日期和时间

⑬ 完成后单击"下一步"按钮,系统开始安装网络、开始菜单项和其他程序组件,如图 11-45 所示。安装完毕后,系统将重新启动计算机并显示图 11-46 所示的登录界面。

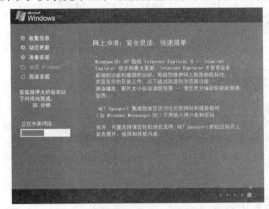

图 11-45 安装网络和其他组件

图 11-46 登录界面

⑭ 在登录界面中输入用户设置的管理员密码即可登录到系统中。

2. 其他系统安装方法

① 首先通过互联网下载 Windows7 的系统镜像,然后解压镜像文件。

② 打开解压后的文件夹,双击 setup.exe(或 autorun.exe)即可运行安装程序。如图 11-47 所示,单击"现在安装"按钮进入安装过程。

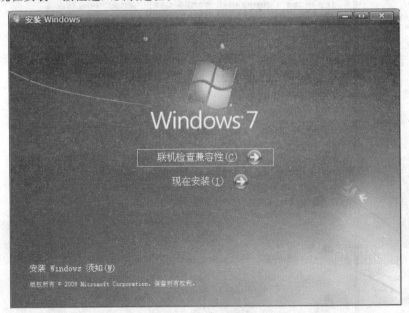

图 11-47 安装

③ 单击"不获取最新安装更新"选项,如图 11-48 所示。

④ 弹出协议许可界面,单击"我接受许可条款"复选框后单击"下一步"按钮,如图 11-49 所示。

⑤ 出现安装类型选择界面,选择"自定义(高级)"选项,如图 11-50 所示。

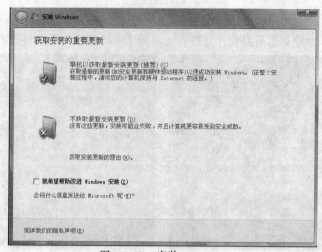

图 11-48　安装 Windows

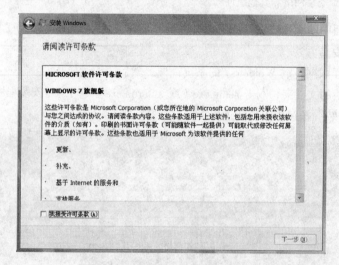

图 11-49　许可条款

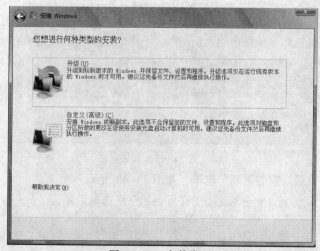

图 11-50　安装类型

⑥ 弹出图 11-51 所示的界面，询问将 Windows 安装到何处，选择合适的分区（不能选择当前系统活动的分区，用光盘启动才可以安装到任意分区），单击"下一步"按钮，如图 11-51 所示。

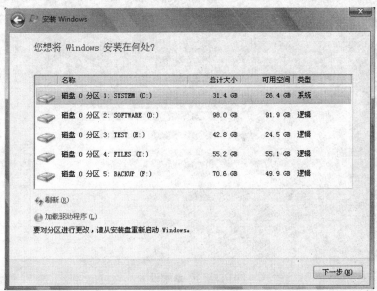

图 11-51 选择磁盘

⑦ 安装系统正式启动，首先弹出图 11-52 所示的界面，此过程请不要做任何操作，系统会自动完成。

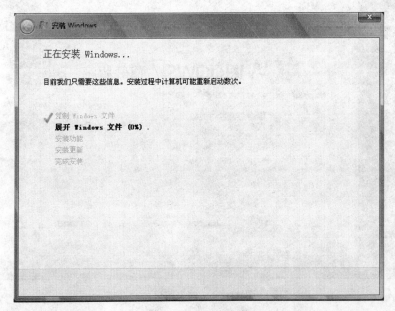

图 11-52 正在安装

⑧ 重启后继续进行基本设置，如图 11-53 所示，然后单击"下一步"按钮。

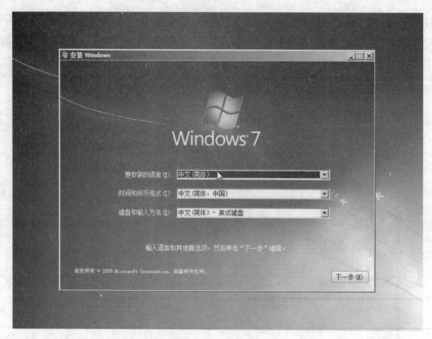

图 11-53 基本设置

⑨ 弹出图 11-54 所示的界面,输入用户名,然后单击"下一步"按钮,继续安装。

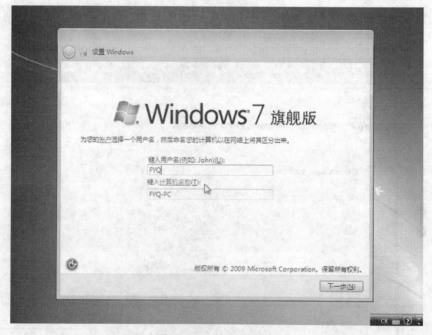

图 11-54 输入用户名

⑩ 弹出图 11-55 所示的界面,设置密码(可以不输,但是建议输入),然后单击"下一步"按钮。

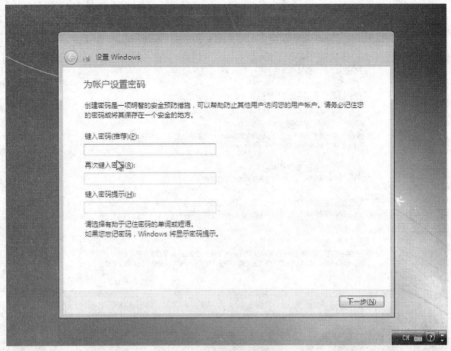

图 11-55　输入密码

⑪ 弹出图 11-56 所示的界面，输入产品密钥，单击"下一步"按钮。

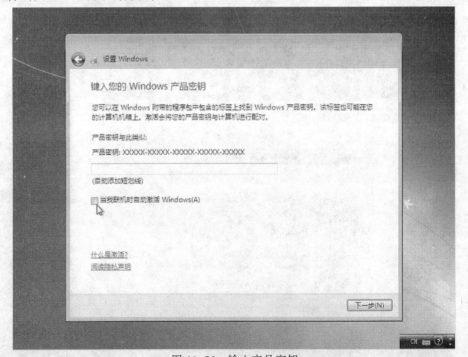

图 11-56　输入产品密钥

⑫ 弹出图 11-57 所示的界面，选择其中一项，然后单击"下一步"按钮。

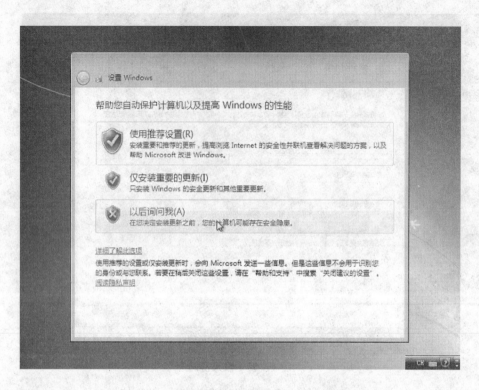

图 11-57　安装选项

⑬ 弹出图 11-58 所示的界面，设置时区，然后单击"下一步"按钮。

图 11-58　设置时区

⑭ 弹出图 11-59 所示的界面，选择当前网络，然后单击"下一步"按钮。

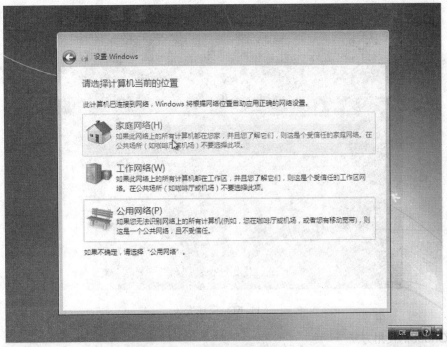

图 11-59　选择网络

⑮ 弹出图 11-60 所示的界面，连接并应用网络。

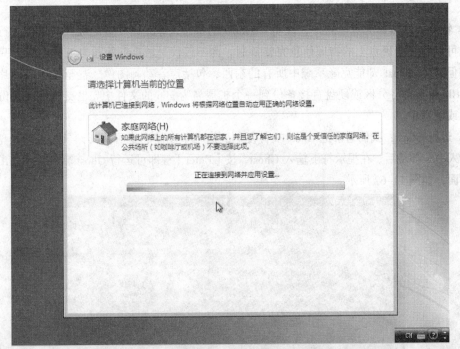

图 11-60　应用网络

⑯ 最后安装完成，如图 11-61 所示。

图 11-61　完成安装

3．Ghost 的使用方法

（1）什么是 Ghost

Ghost（幽灵）软件是美国赛门铁克公司推出的一款出色的硬盘备份还原工具，可以实现 FAT16、FAT32、NTFS 等多种硬盘分区格式的分区及硬盘的备份还原，俗称克隆软件。

① 特点：既然称为克隆软件，说明其 Ghost 的备份还原是以硬盘的扇区为单位进行的，也就是说可以将一个硬盘上的物理信息完整复制，而不仅仅是数据的简单复制；克隆人只能克隆躯体，但这个 Ghost 却能克隆系统中所有的东西，包括声音动画图像，甚至连磁盘碎片都可以复制。Ghost 支持将分区或硬盘直接备份到一个扩展名为.gho 的文件中，也支持直接备份到另一个分区或硬盘中。

② 运行 Ghost：我们通常把 Ghost 文件复制到启动 U 盘中，也可将其刻录进启动光盘，用启动盘进入 Dos 环境后，在提示符下输入 Ghost，按【Enter】键即可运行 Ghost 软件，首先出现的是关于界面，如图 11-62 所示。

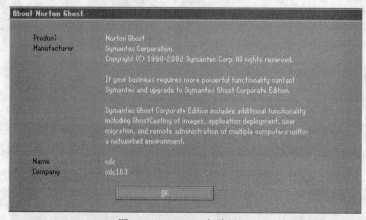

图 11-62　Ghost 有关界面

按任意键进入 Ghost 操作界面，出现 Ghost 菜单，主菜单共有 4 项，从下至上分别为 Quit（退出）、Options（选项）、Peer to Peer（点对点，主要用于网络中）、Local（本地）。一般情况下我们只用到 Local 菜单项，其下有 3 个子项：Disk（硬盘备份与还原）、Partition（磁盘分区备份与还原）、Check（硬盘检测），前两项功能是我们用得最多的，下面的操作讲解就是围绕这两项展开的。

Ghost 各菜单的含义如下：

- Disk：磁盘；
- Partition：即分区，在操作系统里，每个硬盘盘符（C 盘以后）对应着一个分区。
- Image：镜像，是 Ghost 的一种存放硬盘或分区内容的文件格式，扩展名为.gho。
- To：简单理解为"备份到"的意思。
- From：简单理解为"从……还原"的意思。
- To Partition：将一个分区（称源分区）直接复制到另一个分区（目标分区），注意操作时，目标分区空间不能小于源分区。
- To Image：将一个分区备份为一个镜像文件，注意存放镜像文件的分区不能比源分区小，最好是比源分区大。
- From Image：从镜像文件中恢复分区（将备份的分区还原）。

（2）分区镜像文件的制作

运行 Ghost 后，用光标方向键选择 Local→Disk→Partition→To Image 菜单项上，如图 11-63 所示，然后按【Enter】键。

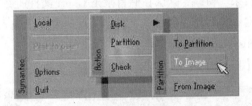

图 11-63　镜像制作

弹出"选择本地硬盘"窗口，如图 11-64 所示，再按【Enter】键。

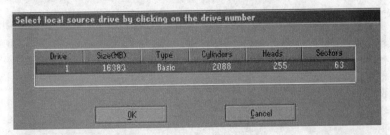

图 11-64　"选择本地硬盘"窗口

弹出"选择源分区"窗口，如图 11-65 所示。

用上下光标键将蓝色光条定位到要制作镜像文件的分区上，按【Enter】键确认要选择的源分区，再按【Tab】键将光标定位到【OK】键上（此时 OK 键变为白色），如图 11-66 所示，再按【Enter】键。

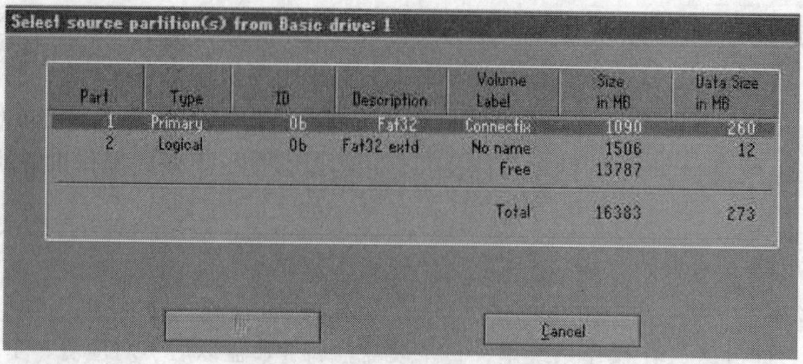

图 11-65 "选择源分区"窗口

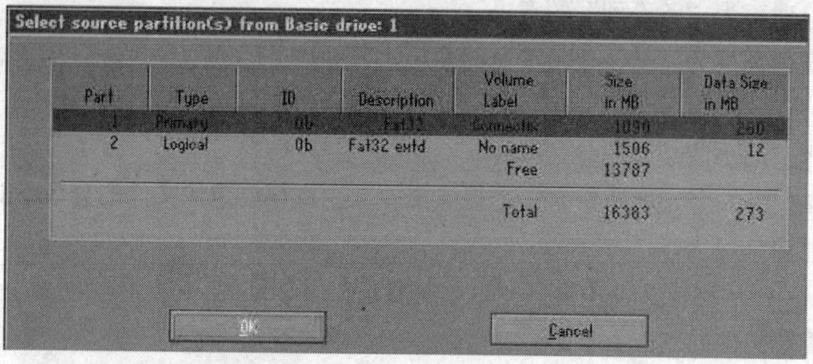

图 11-66 选择分区

　　弹出"镜像文件存储目录"窗口，默认存储目录是 Ghost 文件所在的目录，在 File name 文本框中输入镜像文件的文件名，也可带路径输入文件名（此时要保证输入的路径是存在的，否则会提示非法路径），如输入 D:\sysbak\cwin98，表示将镜像文件 cwin98.gho 保存到 D:\sysbak 目录下，如图 11-67 所示，然后按【Enter】键。

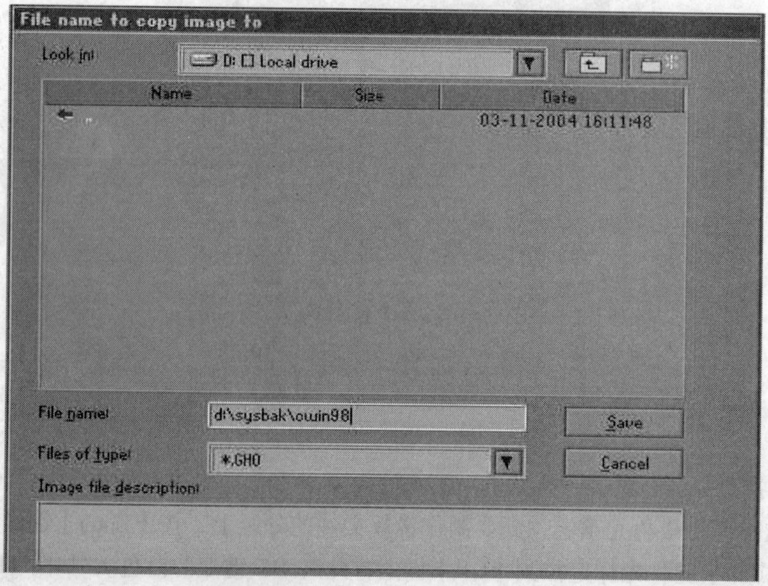

图 11-67 "镜像文件存储目录"窗口

弹出"是否要压缩镜像文件"提示窗口，如图 11-68 所示，有 No（不压缩）、Fast（快速压缩）、High（高压缩比压缩）3 种压缩方式，压缩比越低，保存速度越快。一般选择 Fast，按【Enter】键。

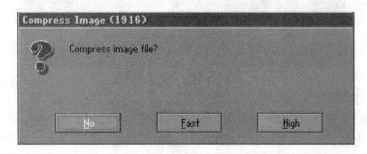

图 11-68　是否压缩

接着又弹出一个提示窗口，如图 11-69 所示，用光标方向键移动到 Yes 上，按【Enter】键。

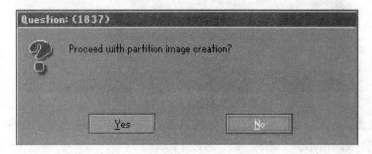

图 11-69　确认界面

Ghost 开始制作镜像文件，如图 11-70 所示。

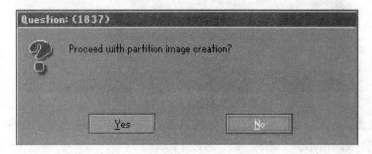

图 11-70　制作镜像

建立镜像文件成功后，会弹出提示创建成功窗口，如图 11-71 所示。

图 11-71　创建完成

（3）镜像文件的还原

在 DOS 状态下，进入 Ghost 所在目录，输入 ghost 并按【Enter】键，即可运行 Ghost。

出现 Ghost 主菜单后，用光标方向键选择 Local→Partition→From Image 菜单项，如图 11-72 所示，然后按【Enter】键。

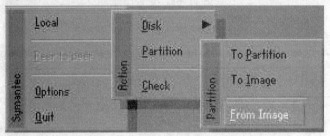

图 11-72　选择 From Image 菜单项

弹出"镜像文件还原位置"窗口，如图 11-73 所示，在 File name 文本框中输入镜像文件的完整路径及文件名，如 d:\sysbak\cwin98.gho，再按【Enter】键。

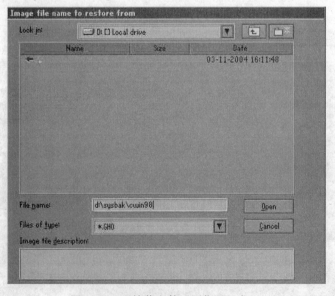

图 11-73　"镜像文件还原位置"窗口

弹出"从镜像文件中选择源分区"窗口，直接按【Enter】键，弹出"选择本地硬盘"窗口，如图 11-74 所示，再按【Enter】键。

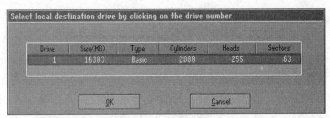

图 11-74　选择源分区

弹出"从硬盘选择目标分区"窗口，用光标键选择目标分区（即要还原到哪个分区），再按【Enter】键。

弹出提示窗口，如图 11-75 所示，选择 Yes 按钮，按【Enter】键确定，Ghost 开始还原分区信息。

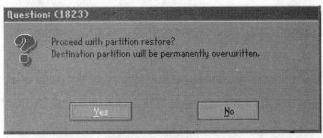

图 11-75　确认信息

还原完毕，弹出还原完毕窗口，如图 11-76 所示，选择 Reset Computer 按钮，按【Enter】键重启计算机。

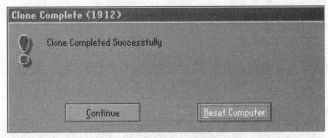

图 11-76　重启计算机

（4）硬盘的备份及还原

Disk 菜单下的子菜单项可以实现硬盘到硬盘的直接对拷（Disk－To Disk）、硬盘到镜像文件（Disk－To Image）和从镜像文件还原硬盘内容（Disk－From Image）。

在多台计算机配置完全相同的情况下，可以先在一台计算机上安装好操作系统及软件，然后用 Ghost 的硬盘对拷功能将系统完整地"复制"一份到其他计算机，比使用传统方法安装操作系统要快。

Disk 菜单项的使用与 Partition 大同小异，在此不再赘述。

（5）Ghost 使用方案

① 最佳方案：完成操作系统及各种驱动的安装后，将常用的软件（如杀毒、媒体播放软件、office 办公软件等）安装到系统所在盘，接着安装操作系统和常用软件的各种升级补丁，然后优化

系统,最后就可以用启动盘启动到 DOS 下做系统盘的备份了,注意备份盘的大小不能小于系统盘。

② 如果因疏忽,在装好系统一段间后才想起要备份,那么备份前最好先将系统盘中的垃圾文件清除、注册表中的垃圾信息清除(推荐用 Windows 优化大师),然后整理系统盘磁盘碎片,整理完成后到 DOS 下进行克隆备份。

③ 感觉系统运行缓慢时(此时多半是由于经常安装卸载软件,残留或误删了一些文件,导致系统紊乱)、系统崩溃时、中了比较难杀除的病毒时,就要进行还原了。有时如果长时间未整理磁盘碎片,又不想花上半个小时甚至更长时间整理时,也可以直接恢复备份,这比单纯整理磁盘碎片效果要好得多。

注意: 在备份还原时一定要注意选对目标硬盘或分区。

小常识

查看系统是 32 位还是 64 位的方法:

① 选择"开始"→"运行"命令,弹出"运行"对话框。

② 输入 CMD 并按【Enter】键,打开命令提示符窗口。

③ 输入 systeminfo 并按【Enter】键,经过检测,显示出系统信息,如果是 x86 则为 32 位系统,如果是 x64 则为 64 位系统。

课 后 习 题

一、填空题

1. 对于一块新购买的硬盘,在使用之前必须对其进行正确的_____和_____,并装入操作系统,才能使用。

2. 所谓硬盘分区,就是将硬盘的整体存储空间划分成_____的多个区域。

二、选择题

1. Linux 操作系统使用的文件系统是_____。

　　A. Fat16　　　　　　　B. Fat32　　　　　　C. Ext　　　　　　D. NTFS

2. 我们通常所使用的一块硬盘最多有_____个逻辑分区。

　　A. 1　　　　　　　　　B. 20　　　　　　　　C. 23　　　　　　　D. 任意

三、操作题

图 11-77 所示是 Fdisk 分区软件的主界面示意图,请解释每个选项的意思。

```
                    FDISK Options

        Current fixed disk drive: 1

        Choose one of the following:

        1. Create DOS partition or Logical DOS Drive
        2. Set active partition
        3. Delete partition or Logical DOS Drive
        4. Display partition information
        5. Change current fixed disk drive
```

图 11-77　Fdisk 分区软件的主界面示意图

单元十二 微机维护与维修

引 言

微机的维护与维修是一项综合诊断和实际操作的工作，既需要一定的理论知识又需要丰富的实际经验，且随着微机技术的发展而不断地发展。本单元主要从硬件的角度叙述微机的日常保养与维护的方法以及维修微机的一般原则和步骤。

学习目标

学完本单元后，应掌握以下几个知识点：
- 微机的日常维护
- 使用微机维护工具
- 微机的故障分析
- 微机的故障处理

任务十五 微机日常维护

任务描述

在炎热的夏天看电影或者玩游戏时，经常会遇到计算机自动重启或者计算机蓝屏，大部分遇到这个问题会选择重装系统，但是事实上重装系统后也无法解决这个问题，金山网络专家指出，遇到这种情况大都是由于 CPU 温度过高导致计算机自动重启或者计算机蓝屏。

任务分析

在使用计算机的过程中，由于主机各部件长时间地处于工作状态及受周围环境的影响，主机内部 CPU、内存条、软硬盘和主机板等部件上，会沾染了大量的灰尘。一般情况下，会影响计算机的运行效率，情况严重时，会使计算机根本无法工作，甚至会烧毁 CPU 等重要部件，所以计算机的日常维护很重要。大多数的微机故障都是起因于缺乏日常维护和保养所致。微机的保养与维护可分为环境、硬件和软件 3 个部分。

任务实施

计算机硬件中，主机是最容易积灰尘的，然后是光驱、主板、显示器、键盘等暴露在空气中的外围设备。可以按照以下步骤来清洁计算机：

① 清除主机中的灰尘。

② 清洁光驱。

③ 如果要拆卸板卡，再次安装时要注意位置是否准确，插槽是否插牢。

④ 用镜头试纸将显示器擦拭干净。

⑤ 用吹气球将键盘键位之间的灰尘清理干净。

相关知识

1. 运行环境对微机的影响

微机是一个集机、光、电、磁、半导体等器件于一体的高精度设备，环境对微机的工作状态和寿命的影响是不可忽视的，这些环境因素主要是指灰尘、高温、电磁和潮湿。

（1）灰尘对微机的影响

由于微机在运行时，主机箱内的电源、CPU 及系统的散热风扇在工作时会从机箱外（环境）抽进冷空气，同时向外排出热空气，形成气流。如果环境中灰尘太多，则悬浮在气流中的灰尘会吸附在带电的板卡等器件上。这些灰尘不仅影响元器件的散热（如 CPU、主板芯片组、内存、硬盘等），还会引起主板的局部短路，造成微机的工作不稳定，甚至不能正常工作。因此，灰尘是主机的大敌，做好主机的防尘和定时除尘是保证微机能持续稳定工作的前提。

（2）高温对微机的影响

在微机的构成中有大量的半导体芯片（超大规模集成电路芯片）。由于半导体的热敏性，这些芯片的工作状态会随温度的升高而发生显著的变化，当温度超过一定的限度时，还会导致芯片的烧毁。微机理想的工作温度应在 10℃～35℃，太高或太低都会影响配件的寿命。所以，如何减少主机中灰尘的吸附，增强主机箱中的空气对流，控制适当的环境温度对微机的正常工作十分重要。随着微机性能的不断提高，如何有效地降低和控制微机中主要器件（如 CPU、内存、硬盘、主板及显卡等）的工作温度已成为一项专门技术而日益受到重视。

（3）电、磁对微机的影响

电对微机的影响有两个方面，一是工作电压，一是静电。一般来说，微机的实际工作电压不要超过其额定电压的 ±10%，否则会影响微机器件的使用寿命和安全；静电不仅容易导致灰尘的吸附，还可能引起半导体芯片被静电击穿，所以一般要求对微机进行接地保护。而磁对微机的影响亦可分为两个方面：一是磁场对磁存储器的影响，一是电磁场对微机工作信号的干扰。因此，如果环境有强磁场或强电磁场存在，均会对微机的工作状态产生影响甚至导致微机的工作出现紊乱状况。

（4）潮湿对微机的影响

一般来说，微机工作环境的相对湿度应为 30%～80%，湿度太低易产生静电，太高会影响配件的性能发挥，甚至引起一些配件的短路。所以，天气较为潮湿时，最好每天都使用微机或使微机通电一段时间。有人认为使用微机的次数少或使用的时间短，就能延长微机寿命，这是片面的观点。相反，微机长时间不用，由于潮湿或灰尘的原因，会引起配件的损坏。当然，如果天气潮湿到了极点，比如显示器或机箱表面有水汽，这时是绝对不能给机器通电的。

2．微机的日常预防性维护

微机的日常预防性维护从硬件方面来看，主要包括下述内容：

（1）正确的使用习惯

个人使用习惯对微机的影响很大，首先是要正常开关机，开机的顺序是，先打开外设（如打印机、扫描仪等）的电源，如果显示器电源不与主机电源相连接，还要先打开显示器电源，然后再开主机电源。关机顺序相反，先关闭主机电源，再关闭外设电源。其道理是，尽量地减少开关机时脉冲电流对主机的损害，因为在主机通电的情况下，关闭外设的瞬间，会对主机产生较大的脉冲电流。关机后一段时间内，不能频繁地做开机关机的动作，因为这样对各配件的冲击很大，尤其是对硬盘的损伤更为严重。一般关机后距离下一次开机的时间，至少应有 10 秒钟。特别要注意当硬盘工作时，应避免进行关机操作。如机器正在读写数据时突然关机，很可能会损坏驱动器（硬盘、软驱等）；更不能在机器工作时搬动机器。即使机器未工作时，也应尽量避免搬动机器，因为过大的振动会对硬盘一类的配件造成损坏。另外，关机时必须先关闭所有的程序，再按正常的顺序退出，否则有可能损坏应用程序。

（2）定时清除主机内及各部件的积尘

对于机箱内表面上的大面积积尘，可用拧干的湿布擦拭。湿布应尽量干，擦拭完毕应该用电吹风吹干水渍。各种插头插座、扩充插槽、内存插槽及板卡一般不要用水擦拭。需要清洁的插槽包括各种总线（ISA、PCI、AGP）扩展插槽、内存条插槽、各种驱动器接口插头插座等。各种插槽内的灰尘一般先用油画笔清扫，然后再用吹气球或者电吹风吹尽灰尘。

插槽内金属接脚如有油污，可用脱脂棉球蘸计算机专用清洁剂或无水乙醇去除。计算机专用清洁剂多为四氯化碳加活性剂构成，涂抹去污后清洁剂能自动挥发。购买清洁剂时一是检查其挥发性能，当然是挥发性越强越好；二是用 pH 试纸检查其酸碱性，要求呈中性，如呈酸性则对板卡有腐蚀作用。

如果 CPU 还较新，风扇可以不必取下，用油漆刷或者油画笔扫除即可。较旧的 CPU 风扇上积尘较多，一般须取下清扫。下面以 Socket 接口的 CPU 为例，介绍 CPU 风扇的除尘。

散装 CPU 风扇是卡在 CPU 插座两侧的卡扣上，将风扇卡扣略下压即可取下 CPU 风扇。取下 CPU 风扇后，即可为风扇除尘。注意散热片的缝中有很多灰尘。

原装 CPU 风扇与 CPU 连为一体，需将 Socket 插座旁的把手轻轻向外侧拨出一点，使把手与把手定位卡脱离，再向上推到垂直位置。清洁 CPU 风扇时，注意不要弄脏了 CPU 和散热片结合面间的导热硅胶。如果 CPU 风扇转动不畅，则需要向风扇的轴承加少许轻质机油。

内存条和各种适配卡的清洁包括除尘和清洁电路板上的金手指。除尘用油画笔即可。金手指是电路板和插槽之间的连接点，如果有灰尘、油污或者被氧化，均会造成接触不良。陈旧的计算机中大量故障由此而来。高级电路板的金手指是镀金的，不容易氧化。为了降低成本，一般适配卡和内存条的金手指没有镀金，只是一层铜箔，时间长了将发生氧化。可用橡皮擦来擦除金手指表面的灰尘、油污或氧化层。切不可用砂纸类东西来擦拭金手指，否则会损伤极薄的镀层。

（3）维护注意事项

① 有些原装和品牌计算机不允许用户自己打开机箱，若擅自打开机箱可能会失去一些由厂商提供的保修权利，请用户特别注意。

② 各部件要轻拿轻放，尤其是硬盘，摔一下就很可能报废。

③ 拆卸时注意各插接线的方位，如硬盘线、软驱线、电源线等，以便正确还原。

④ 用螺丝固定各部件时，应首先对准部件的位置，然后再上紧螺丝。尤其是主板，略有位置偏差就可能导致插卡接触不良；主板安装不平可能会导致内存条、适配卡接触不良甚至造成短路，天长日久甚至可能会发生形变，导致故障发生。

⑤ 计算机板卡上的集成电路器件多采用 MOS 技术制造，由于这种半导体器件对静电高压相当敏感。所以当带静电的人或物触及这些器件后，就会产生静电释放，而释放的静电高压将损坏这些器件。日常生活中静电是无处不在的，例如在脱一些化纤衣服时有可能听到声响或看到闪光，此时的静电至少在 5 kV 以上，足以损坏计算机的元器件，因此维护计算机时要特别注意静电防护。

在拆卸计算机之前必须做到以下 3 点：

① 断开所有电源。

② 在打开机箱之前，双手应该触摸一下金属接地物（如暖气管），释放身上的静电。拿主板和插卡时，应尽量拿卡的边缘，不要用手接触板卡的集成电路。如果一定要接触内部线路，最好戴上接地指环。

③ 使用电烙铁、电风扇一类的电器时应接好接地线。

3．常用维修与诊断工具

微机故障的诊断和维修工具包括硬件工具和软件工具两大类。下面就这两类工具中常用的几种进行介绍。

微机部件主要由各种逻辑集成电路组成。所以，有关的电子测量仪器、仪表、工具，以及一些专用的微机检测维修设备均可以进行计算机系统故障的检测及维修使用。但是，对于一般的用户来说，准备以下一些常用工具即可：

（1）螺丝刀及毛刷抹布

螺丝刀是维修计算机最为重要的工具，常分为一字螺丝刀和十字螺丝刀两种，以方便在不同的场合使用。一字螺丝刀和十字螺丝刀又都有大小、长短的区别，通常宜选用中等大小、柄杆稍长的作为经常备用的螺丝刀。有一种带有磁性的螺丝刀非常有用，使用它在位置狭窄的地方安装和拆卸螺钉都很方便。

毛刷主要用以刷除灰尘和清除小杂物。抹布宜用柔软的、不起静电的棉质布，主要用它来清洁机箱、显示器、键盘等部件。

（2）割线刀、镊子，尖嘴钳和电烙铁

可用一把较锋利的裁纸刀或刻刀作为割线刀，在维修中若要进行改线等工作时割线已有的连线或作切削之用。

镊子和尖嘴钳也是维护和检修微机的常备工具。在安装螺钉螺帽、小零件和小接线头时，凡手指够不到的地方或不易把持的东西都要使用镊子。尖嘴钳常用以安装和拔插各种接口卡、跳线和元件的位置及引出线脚的调整等。镊子可选用修理钟表用的不锈钢镊子，尖嘴钳选用中号的普通尖嘴钳即可。

电烙铁是用户常备工具。虽然不用它来焊接印刷电路板上的集成块，但电源线、接地线和其他的一些连接引线发生脱落或断裂时，就需要用它来焊接。若用电烙铁焊接电路板上的集成块，应用带有屏蔽接地线的电烙铁，而且一定要注意不能带电操作，以防烙铁漏电击穿集成块。若不能确保使用的烙铁是否带电，较为可靠的方法是：在焊接前最好拔掉电源线，待焊接好后再把电源线连接上。

（3）万用表

万用表具有用途多、量程广、使用方便等优点，是电子测量中最常用的工具。它可以用来测量电阻、交直流电压和直流电压。有的万用表还可以测量晶体管的主要参数及电容器的电容量等。掌握万用表的使用方法是电子技术的一项基本技能。

常见的多用表有指针式多用表和数字式多用表。指针式多用表是一表头为核心部件的多功能测量仪表，测量值由表头指针指示读取。数字式多用表的测量值由液晶显示屏直接以数字的形式显示，读取方便，有些还带有语音提示功能。万用表是公用一个表头，集电压表、电流表和欧姆表于一体的仪表。图 12-1 所示为一个常用万用表。

下面简单介绍使用万用表测量二极管（见图 12-2）和电容的方法：

图 12-1　常用万用表

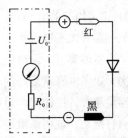

图 12-2　用万用表测二极管

① 万用表测量二极管的方法。万用表置 R×1k 挡，两表笔分别接二极管的两极，若测得的电阻较小（硅管数千欧、锗管数百欧），说明二极管的 PN 结处于正向偏置，则黑表笔接的是正极，红表笔接的是负极。反之二极管处于反向偏置时，呈现的电阻较大（硅管约数百千欧以上，锗管约数百千欧），则红表笔接的是正极，黑表笔接的是负极。若正反向电阻均为无穷大或均为零或比较接近，说明二极管内部开路或短路或性能变差。

由于发光二极管不发光时，其正反向电阻均较大且无明显差异，故一般不用万用表判断发光二极管的极性。常用的办法是将发光二极管与一数百欧（如 330 Ω）电阻串联，然后加 3 V~5 V 的直流电压，若发光二极管亮，说明二极管正向导通，与电源正端相接的为正极，与负端相接的为负极。如果二极管反接则不亮。要特别说明的是，很多人测试发光二极管的方法不正确。如用 9 V 层叠电池直接点亮发光二极管，虽然可正常点亮，但这种做法在理论上是完全错误的。发光二极管的外特性与稳压二极管相同，导通时其端电压为 1.9 V 左右（5 mm）。当它与电源相连时，回路中必须设置限流电阻，否则一旦外加电压超过导通压降，将由于过流而损坏。直接用层叠电池点亮时可正常点亮不损坏发光二极管，是因为层叠电池有较大的内阻，正是内阻起到了限流作用。如果用蓄电池或稳压电源直接点亮发光二极管，则由于内阻小，无法起到限流作用，顷刻间就会将发光二极管烧毁。

稳压二极管与变容二极管的 PN 结都具有正向电阻小反向电阻大的特点，其测量方法与普通二极管相同。但须注意的是：稳压二极管的反向电阻较普通二极管小。

② 万用表测量电容器的方法。

- 测量 10 pF 以下的电容器：因 10 pF 以下的固定电容器容量太小，用万用表进行测量只能定性地检查其是否有漏电、内部短路或击穿现象。测量时，可选用万用表 R×10k 挡，用两表笔分别任意接电容的两个引脚，阻值应为无穷大。若测出阻值（指针向右摆动）或阻值为零，则说明电容漏电损坏或内部击穿。

- 测量 10 pF~0.01 μF 的电容器：首先用万用表 R×10k 挡试一下电容有无短路或漏电现象，在确认电容无内部短路或漏电后，可测出 10 pF ~ 0.01 μF 固定电容器是否有充电现象，进而判断其好坏。万用表选用 R×1k 挡，两只三极管的 β 值均为 100 以上，且穿透电流要小。可选用 3DG6 等型号硅三极管组成复合管。万用表的红和黑表笔分别与复合管的发射极 E 和集电极 C 相接。CX 为被测电容器。由于复合三极管的放大作用，把被测电容的充放电过程予以放大，使万用表指针摆动幅度加大，从而便于观察。应注意的是：在测试操作时，特别是在测较小容量的电容时，要反复调换被测电容引脚接触 A、B 两点，才能明显地看到万用表指针的摆动。

- 测量 0.01 μF ~ 1 μF 的电容器：对于 0.01 μF 以上的固定电容器，可用万用表的 R×1k 挡直接测试电容器有无充电过程以及有无内部短路或漏电，并可根据指针向右摆动的幅度大小估计出电容器的容量。测试操作时，先用两表笔任意触碰电容的两引脚，然后调换表笔再触碰一次，如果电容器是好的，万用表指针会向右摆动一下，随即向左迅速返回无穷大位置。电容量越大，指针摆动幅度越大。如果反复调换表笔触碰电容器两引脚，万用表指针始终不向右摆动，说明该电容器的容量已低于 0.01 μF 或者已经消失。测量中，若指针向右摆动后不能再向左回到无穷大位置，说明电容器漏电或已经击穿短路。

（4）主板诊断卡

常用的主板诊断卡有 4 种：ISA 卡、PCI 卡、ISA 及 PCI 双口卡、2002 版双口卡，下面以 2002版双口卡为例（放大约 5 倍，见图 12-3）说明其安装方法，其他型号的卡，使用方法相同：在图 12-3 中仔细看上面双口卡的"金手指"位置，可以看到上面标的 A1（在 ISA 槽处）、B1（在 PCI槽处），指示了其安装的方向。A1 和 B1 分别是 ISA 槽和 PCI 槽的第 1 脚的位置。当把双口卡插在 ISA 槽上时，元件面是朝向 CPU方向的，而插在 PCI 槽上时，元件面却朝向另外一面，这也同时解决了单口卡有时插在主板上看不到数码管上的数字的弊端。

图 12-3　主板检测卡

诊断卡的使用方法是：首先把诊断卡插到主板上，CPU、内存、扩充卡都不插（空板），只插上主板的电源，此时，主板灯应亮，否则主板不起作用。

复位信号灯应亮，半秒钟后熄灭，若不亮，则主板无复位信号而不能用，如果常亮，则主板总处于复位状态，无法向下进行，初学者常把加速开关线当成复位线插到了复位插针上，导致复位灯常亮，复位电路损坏也会导致此故障。

分频信号灯应亮，否则说明分频部分有故障；+5 V、-5 V、+12 V、-12 V 4 个电源指示灯应足够亮，不亮或亮度不够，说明开关电源输出不正常，或者是主板对电源短路或开路；BIOS 信号灯因无 CPU 而不亮是正常的，但若插上完好的 CPU 后，BIOS 灯应无规则的闪亮，否则说明 CPU坏或跳线不正确或主板损坏。

常见的错误代码含义如下：

C1：内存读写测试，如果内存没有插上，或者频率太高，会被 BIOS 认为没有内存条，那么 POST 就会停留在 C1 处。

0D：表示显卡没有插好或者没有显卡，此时，蜂鸣器也会发出嘟嘟声。

2B：测试磁盘驱动器，软驱或硬盘控制器出现问题，都会显示 2B。

FF：表示对所有配件的一切检测都通过了。但如果一开机就显示 FF，并不表示系统正常，而是主板的 BIOS 出现了故障。导致的原因可能有 CPU 没插好、CPU 核心电压没调好、CPU 频率过高、主板有问题等。

（5）示波器

示波器是一种常用的电子测量仪器，其显示的核心部件是示波管，利用它能够直接观察电压、电流的波形，并可以测量电压值。示波器的型号很多，基本操作方法和原理相同。示波器是现代电子技术，特别是数字电子技术必不可少的测量仪器。

图 12-4　示波器

通用示波器主要包括简易示波器、示教示波器、高灵敏度示波器、慢扫描示波器、多线示波器、多踪示波器等。尽管通用示波器品种繁多，电路程序各异，但都可分为垂直放大系统、水平扫描系统、电源及显示电路等部分。下面以 J2459 型示波器为例作简要说明（J2459 型示波器面板结构及名称如图 12-4 所示）：

灰度调节：用来调节图像的亮度，顺时针旋转，图像灰度变大，反之变小。

聚焦调节：调节示波器中电子束的焦距，使其焦点恰好会聚于屏幕上，显现的光点成为清晰的圆点，得到清晰的图像。

辅助聚焦：控制光点在有效工作面内的任意位置上散焦最小，与聚焦调节旋钮配合使用。

电源开关：当把开关切换到"开"的位置时，指示灯亮，经预热 1~2 min 后，示波器可以正常使用。

垂直位移：调节屏幕上光点或信号波形在垂直方向移动。

水平位移：调节屏幕上光点或信号波形在水平方向移动。

Y 增益：垂直放大器增益微调，调整图像在垂直方向的幅度。

X 增益：控制水平方向扫描迹线长度，即水平方向的幅度。

衰减：Y 输入信号衰减器，可根据被测信号的大小适当选择，使屏幕上得到合适的图像显示。

扫描范围：控制开关，可以改变加在水平方向扫描电压的频率范围。

Y 输入：垂直方向被测信号输入接线柱。

X 输入：水平方向被测信号输入接线柱。

地线：公共接地的输入接线柱。

DC/AC：垂直方向输入信号的直流、交流选择开关。置 DC 位置时，被测信号直接输入，适用于观察各种信号；置 AC 时，被测信号经电容器耦合输入，使屏幕显示的波形不受直流电的影响。

同步：同步极性选择开关。扫描可从被测信号正半周起同步，也可由被测信号负半周起同步。

（6）逻辑笔

逻辑笔是一种测试工具，通过转换开关，对 TTL、CMOS、DTL 等数字集成电路构成的各种电子仪器设备（电子计算机、程序控制、数字控制、群控装置）进行检测、调试与维修使用，如图 12-5 所示。逻辑笔具有重量轻、体积小、使用灵活、清晰直观、判别迅速、携带方便及 TTL 与 CMOS 兼容使用等优点。计算机主板及有关扩展卡大量使用了数字电路，在维修工作中采用价廉，易操作的逻辑笔。专门用于测试数字电路的逻辑状态和脉冲信号。通过逻辑笔红、绿指示灯的显示，对电路可作以下测试：

① 测试电路的电平状态判断测试点处于高电平还是低电平。

② 测试逻辑电路输出的连续脉冲、单脉冲及脉冲的极性。

③ 通过发光管的显示频率估测逻辑电路输出脉冲的宽度比。

图 12-5　逻辑笔

4．常用工具软件

1）常用工具软件分类

用于微机维护与诊断的工具软件分为两类：一类是诊断软件，一类是修复软件。软件维护，主要是对存放在硬盘中的系统软件和应用软件进行维护，故而主要是针对系统和硬盘的维护。常用工具软件包括以下几类：

（1）故障诊断及性能测试程序软盘

常用于微机的故障检查和性能测试的软件有 Qaplus、Norton 和 Pctools 等。如果计算机发生故障，只要机器尚能启动，最简单而又直接的办法就是运行故障诊断程序，它能尽快地了解故障发生的原因和部位，所以诊断程序盘是应该常备的。

（2）常用的工具软盘

微机的"软"故障在维修中所占比例很大，这些故障的维修都离不开工具软件，特别是有关硬盘系统信息方面的故障。常用的工具软件有 Norton 中的 NDD、Disktool、Unerase，Pctools 中的 Diskfix、Compress、Unformat，高版本 DOS 中的 Chkdsk、Scandisk 等。

此外，在系统更换或扩充硬盘需要对其做低级格式化，也有出于维修工作的需要而对硬盘做低级格式化。在一些机器的 CMOSSETUP 中，或者硬盘适配卡中含有低级格式化程序，但也有的机器没有，所以准备一些做低级格式化的程序是必要的。可以对硬盘做低级格式化的常用软件有 LOWFORM、HDFORMAT 以及硬盘专用维护工具 DM、ADM 等。

（3）病毒的检查、清除软盘

为了将计算机病毒带来的损失降到最低限度，必须定期检测计算机系统，以便及时发现病毒并将之清除。常用的清除病毒软件有 KV3000、金山毒霸，瑞星 2004 等。

2）常用工具软件简介

（1）Qaplus 软件

Qaplus 软件是美国 DIAGsoft 公司设计的用于微机高级诊断的软件产品，它是一个非常实用的通用高级测试诊断程序，友好的下拉式菜单界面为用户提供选择，菜单层次非常分明，且程序中显示了详尽的提示信息为用户提供帮助。在操作中可随时按帮助功能键寻求帮助菜单的解释信息。另外用户在运行该程序时，具有高度的中断权，随时可以将某一测试停止下来，返回到上一级菜单。这个功能可以通过按【Esc】键来实现，各种操作非常方便，以下简单介绍 Qaplus 诊断测试软件的功能和使用方法。

① 系统硬件结构测试功能。Qaplus 可较全面地报告出系统内硬件设备的配置情况，如 CPU 的类型、总线的类型、内存储器的有效安装容量、显卡的工作模式、软硬盘驱动器的类型、串并行口的情况等。

② 测试功能。Qaplus 可以对微机内绝大多数设备进行测试。对系统 CPU 的类型和工作速度、硬盘的工作速度、显卡的工作速度等参数，可以通过测试提供具体的数值。而对于串、并行口，软、硬盘驱动器等其他设备，Qaplus 可以报告其工作情况的好坏。

③ 服务程序功能。Qaplus 可以允许在不退出该程序的情况下调用运行 2～3 个用户程序。这项功能通常是让用户根据情况自己编制诊断程序或测试程序，为维修人员提供了方便。

④ Qaplus 的使用。Qaplus 可以在软盘上或硬盘上运行，但是为提高运行速度，最好把 Qaplus 复制到硬盘上运行。在 C 盘上建立一个目录（如 Qaplus），用 COPY 命令把 Qaplus 软件复制到该目录下。Qaplus 的启动运行方法是：在 DOS 环境下，输入 Qaplus 后按【Enter】键，即可进入 Qaplus 的菜单。

（2）HWINFO 软件

HWINFO 软件是一款计算机硬件测试软件，图 12-6 是 HWINFO32 的界面，可以看到它的三大功能——主要硬件的信息摘要、基准测试和传感器。

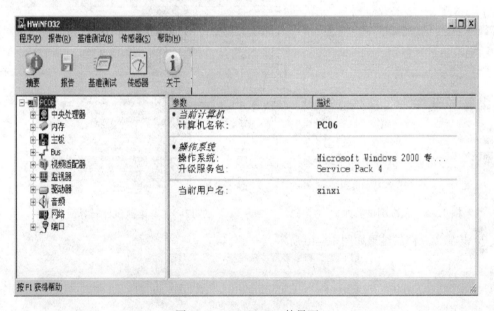

图 12-6 HWINFO32 的界面

HWINFO 软件能显示很多关于计算机硬件和外设的信息，包括 CPU、内存、硬盘速度、光驱速度、显卡、芯片组、打印机、扫描仪、声卡等。即使 CPU 超频了，它也可以显示出 CPU 的原始频率，还有内存的真实速度。下面分别介绍它们的使用情况。

① 主要硬件的信息摘要：如图 12-7 所示。

② 基准测试：其结果如图 12-8 所示。

基准测试比较界面如图 12-9 所示。

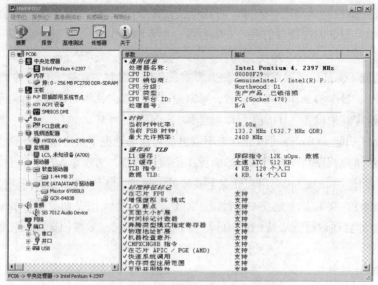

图 12-7 主要硬件的信息摘要界面

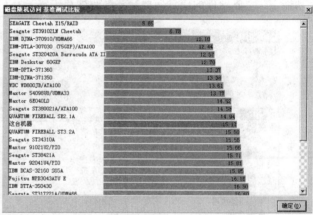

图 12-8 基准测试界面   图 12-9 基准测试比较界面

③ 传感器：测试结果如图 12-10 所示。

图 12-10 传感器界面

（3）Norton Utilities 2002 软件

Norton Utilities 2002 是由美国 symantec 公司开发的一套个人计算机实用工具集成软件。它集磁盘编辑、磁盘诊断与修复、系统优化、系统性能测试以及病毒检测与清除等多种功能于一身，利用这些实用程序优化你的系统，可以提高系统的运行速度。从而对系统的运行和维护更加放心、也更方便。

下面介绍 Norton Utilities 常用的几个功能：

① 磁盘加速。Norton Speed Disk 首先扫描用户的硬盘，检查文件的碎片情况。然后显示一个报告，推荐矫正措施。操作步骤如下：

步骤 1：启动 Speed Disk，从 NU2K 主窗口的左边，选择 Improve Performance 功能模块，然后选择 Speed Disk 实用程序。

步骤 2：在默认情况下，Speed Disk 首先扫描 C 盘，然后显示"磁盘优化"对话框，提出优化建议。可供选择的优化方法有 3 种：

- Full Optimization：完全优化。
- Unfragment Files Only：只优化碎片文件。
- Unfragment Free Space：只优化碎片自由空间。

如果要优化 Windows 的交换文件，请选取"优化交换文件"（Optimize Swap File）复选框。选择一种优化方法后，单击 Start 按钮，Speed Disk 开始优化选定的磁盘。

步骤 3　用户也可以指定要优化的磁盘。在本机的磁盘列表中，用户可以选择某个（或某些）磁盘进行整理优化。选定要优化的磁盘后，单击 Start（开始）按钮即可。经过优化后，Speed Disk 把经常访问的文件排在磁盘的前面，而把不常用的文件放到磁盘的后面。通过搬移，把碎片文件整理到连续的存储空间存放。这大大提高了磁盘文件的访问速度。

② 系统加速：Norton Optimization Wizard 是优化系统的工具，具体优化下面 3 个方面：

- Windows 系统的交换文件（Swap file）。
- 应用程序的启动速度（Speed Start）。
- 注册表文件（Registry Files）。

③ Norton System Doctor（系统医生）。Norton System Doctor 可以监测系统的各方面参数，它比 Windows 的"系统监视器"功能更全，而且会为用户提供更多的建议。在 Norton System Doctor 的界面中单击 Preventative Maintenance（预防与维护）选项，Norton System Doctor 就开始工作了。它可以随时提醒用户要注意的事项，比如该整理硬盘碎片了、硬盘的使用情况、CPU 的利用率是多少等。

④ 反删除工具。UnErase Wizard 是一个功能强大的反删除工具，它能够把不小心从回收站清空了的文件找回来。在 UnErase Wizard 的界面中，有一个介绍性的文字说明，主要是说 UnErase Wizard 与 Norton Protected Bin（这是 Norton 用来替代 Windows 回收站的程序）配合使用，恢复文件便可做到天衣无缝，接着是"向导"的第一步，选择恢复哪些文件：

- Find recently deleted files：搜寻最近删除的文件。
- Find all protected files on local drives：在本地硬盘搜索被保护的文件。
- Find all recoverable files matching your criteria：搜索所有可恢复并且符合要求的文件。

默认是第一项，单击"下一步"按钮，UnErase Wizard 便开始在所选定的范围内搜索所有的文件，搜索完毕后，它会在屏幕上列出一个文件清单，告诉用户这些文件有多大，是在何时何地被删除的，尤其是 Deleted By 一栏，还能告诉用户是哪一个应用程序删除的这个文件。选择误删除的文件，再单击 Recover 按钮，就可以将其还原到被删除之前的位置。

⑤ Norton Disk Doctor（磁盘医生）。当计算机长时间的运行后，总觉得系统越来越慢，每次存盘都要好长时间，而且硬盘也"吱、吱"乱响，此时就会担心硬盘出了什么问题。

可以使用 Norton Disk Doctor（磁盘医生）来诊断硬盘，通常简称为 NDD。图 12-11 所示是 Norton Disk Doctor（磁盘医生）的界面。首先选中要检测的磁盘，然后单击 Diagnose（诊断）按钮；Norton Disk Doctor 会对磁盘的分区表，引导记录，文件和目录结构及磁盘表面测试进行检测。如果发现问题会进行自动修复，并给出检测报告。

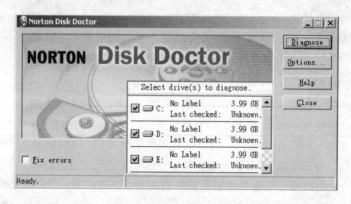

图 12-11　磁盘医生界面

⑥ Norton WinDoctor（Windows 医生）。Norton WinDoctor（Windows 医生）是专门用来检查、修复 Windows 的问题的。打开 Norton WinDoctor，与 Norton System Check 一样也有一个向导，第一项是 Perform all Norton WinDoctor tests（运行所有的 WinDoctor 测试），单击"下一步"按钮，载入 Norton WinDoctor，开始检查。这个检查过程与 Norton System Check 一样，所不同的是 Norton System Check 是对整个系统的检测，而 Norton WinDoctor 只是对 Windows 系统检测。单击"完成"按钮继续。在 Problems Found 中把问题排列出来，在问题的前面有一个很醒目的×号。单击工具栏上的 Repair All 按钮，出现了一个提示：会自动以最优的方式来修复这些问题，询问是否继续。单击"是"按钮，开始修复，修复完成后×号会变成绿色的√号。

⑦ System Information（系统测试工具）。System Information 是 Norton Utilities 检测系统的利器，可以利用它了解自己的系统状态。

例如，使用有关命令所得的信息如下：

System：包括系统硬件、内存以及操作系统（Windows）的版本信息。单击 Benchmark 按钮，可以测试系统的整体性能，还能跟其他的系统作一个比较。

Display：检测显示方式、屏幕尺寸、分辨率以及色彩位数等信息。

Drive：检查硬盘大小以及剩余空间。单击 Benchmark 按钮，会弹出一个新的窗口，告诉用户关于这块硬盘的一些参数。

Memory：详细地统计 Windows 内存使用状况；选择了其中某一个程序后，告诉用户占用了多少字节的内存资源。

5. 微机系统故障的判断方法

微机系统的故障诊断是一项综合性强的复杂工作。既要有一定的理论知识，又要有丰富的实际动手能力。因而要成为一个微机维修方面的高手，没有广阔的知识面和长时间对微机故障的处理研究是做不到的。因此，本书关于微机故障的诊断和维修都限定在一级维修（板级维修）范围内。

微机系统由主板、硬盘驱动器、软盘驱动器、显示器、键盘、打印机、电源等组成。这些部件都有可能发生故障。要排除这些故障，必须设法寻找产生故障的准确位置及原因。下面介绍几种常见的方法：

（1）原理分析法

按照计算机的基本原理，根据机器安排的时序关系，从逻辑上分析各点应有的特征，进而找出故障原因，此法为原理分析法。

若微机出现不能引导，可根据系统启动流程，仔细观察启动时的屏幕信息，逐步分析启动失败的原因，便可查出故障的大致范围。

（2）诊断程序测试法

只要机器还能启动，采用一些专门为检查诊断机器而编制的程序来帮助查找故障原因，这是考核机器性能的重要手段和最常用的方法。

检测诊断程序要尽量满足两个条件：

① 能较严格地检查正在运行的机器的工作情况，考虑各种可能的变化，造成"最坏"环境条件。这样，不仅能检查系统内各个部件（如 CPU、存储器、打印机、键盘、显示器、软盘、硬盘等）的状况，而且也能检查整个系统的可靠性、系统工作能力、部件互相之间的干扰情况等。

② 一旦故障暴露，要尽量了解故障范围，范围越小越好，这便于寻找故障原因，排除故障。

诊断程序测试法包括简易程序测试法、检测诊断程序测试法和高级诊断法。

- 简易程序测试法是指针对具体故障，通过一些简单而有效的检查程序来帮助测试和检查机器故障的方法。
- 检测诊断程序测试法是指采用通用的测试软件（如 Qaplus、Sysinfo 等），或者系统提供的专用检查诊断程序来帮助寻找故障，这种程序一般具有多个测试功能模块，可对处理器、存储器、显示器、软盘驱动器、硬盘、键盘等进行检测，通过显示错误代码、错误标志信息以及发出不同声响，为用户提供故障原因和故障部位。
- 高级诊断法是指利用厂家随机提供的诊断程序进行故障诊断，可方便检测、迅速地找到故障位置。

程序诊断实质上是系统原理的逻辑的集合，除自编的诊断程序外，一些通用的测试软件和系统提供的诊断程序为用户提供了极大方便，但它必须与实际维修经验相结合。

（3）直接观察法

直接观察法就是通过眼看、耳听、手摸、鼻闻等方式检查机器比较典型或比较明显的故障。如观察机器是否有火花、异常声音、插头及插座松动、电缆损坏、断线或碰线、插件板上元件发烫、烧焦、封蜡熔化、元器件损坏或管脚断裂、机械损伤、松动或卡死、接触不良、虚焊、断线等现象。必要时可用螺丝刀柄轻轻敲击怀疑有接触不良或虚焊的元器件，然后再仔细观察故障的变化情况。

（4）拔插法

拔插法是通过将插件板或芯片"拔出"或"插上"来寻找故障的原因。采用该方法能迅速找到发生的部位，从而查到故障的原因。此法虽然简单，但却是一种非常实用而有效的常用方法。这种方法不仅适用于插件板，而且也适用于在印刷电路板上装有插座的中、大规模集成电路的芯片。只要不是直接焊在印刷板上的芯片和器件都可以采用这种方法。

（5）替换法

替换法是用备份的好插件板、好器件替换有故障疑点的插件或器件，或者把相同的插件或器件互相交换，观察故障变化的情况，依此来帮助用户判断寻找故障原因的一种方法。

（6）比较法

比较法是用正确的特征（如电压、电流、波形等）与有故障时的特征相比较来判断故障原因。在比较时可结合原理分析法，根据逻辑电路图仔细对照、逐级测量，看哪一个器件的特征参数与正确值有差别，分析后确诊故障位置。

（7）敲打法

对于机器运行时出现的一些时隐时现的瞬时性故障，可能是各元器件或组件虚焊、接触不良、插件管脚松动、金属氧化使接触电阻增大等原因造成的。对于这种情况可以用敲打法来进行检查，通过用手指、螺丝刀柄或橡皮榔头轻敲有关元件或组件后，使故障点彻底地接触不良，再进行检查就容易确定故障位置。

（8）静态特征测量和动态分析法

静态测量法就是计算机暂停在某一特定状态，根据逻辑图原理，用万用表、逻辑笔等仪器测量所需考察的各点电压、电阻、波形等，从而分析和判断故障位置及原因的一种方法。

该测量方法是在加电的情况下，用万用表测量部件或元件的各管脚之间的电压大小，并将其与逻辑图或其他参考点的正常电压值进行比较。若电压值与正常参考值之间相差较大，则表明该部件或元件有故障；若电压正常，说明部分完好，可转入对其他部件或元件的测试。

（9）升、降温法

有时，计算机工作较长时间或环境温度升高以后会出现故障，而关机检查却是正常的，工作一段时间又发现故障，这时可用升、降温法来进行辅助诊断。

所谓升温法，就是人为地将环境温度升高，加速高温参数较差的元件"发病"，来帮助寻找故障原因的一种方法。

所谓降温法，就是人为地将环境温度降低，观察故障现象是否发生。这是另一种淘汰热稳定性能差的元件的方法。通常采用的是局部降温法，具体做法是对怀疑有故障的部分或元器件用酒精进行降温。当某一元件降温后故障消失，说明这一元件的热稳定性差，是引起故障的根源。

（10）电源拉偏法

电源拉偏法是人为将电源电压在器件允许的范围内提高或降低，形成"恶劣"的工作环境，让故障暴露出来。

初学者用此法要谨慎，最好少采用。而且一定要在元器件电压允许的范围内进行（例如，额定值为 5 V 电压的元器件，应在 4.8 V～5.2 V 之间观察），以免电压过高造成器件损坏，而电压过低则使完好的元器件不能正常工作而发生误判断。

（11）综合法

计算机有时出现的故障现象比较复杂，单独采用以上介绍的某一种方法不能找出故障原因。综合法就是在采用某一种方法不能找出故障点时，同时采用上述几种方法来检测和查找故障部位及原因，从而获得解决问题的方案。

综合法是各种方法的结合，无疑是检测和维修最强有力的手段和措施，所以专业硬件维修者经常采用。但经验较少的人员，一定要慎重使用，以免将问题弄得更加复杂。

6. 微机故障处理的一般步骤

1）微机系统故障的检查诊断步骤

微机系统故障的检查诊断可大致按下列步骤进行：

（1）先区分是软件故障还是硬件故障

当加电启动时能进行自检，能显示自检后的系统配置情况，则微机系统主机硬件基本上没有什么问题，故障的原因是软件引起的可能性比较大。这时对于 MS-DOS 6.0 及上版本，可采用跳过 CONFIG.SYS 和 AUTOEXEC.BAT 这两个启动文件或从软盘启动或采用分步执行找出出错原因，如果能出现 MS-DOS 提示符，则主机硬件故障的可能性更小。

（2）再具体确定是系统软件还是应用软件故障

如果是系统软件故障，应该重新安装系统软件，如果是应用软件故障，应该重新安装应用软件。

（3）检查硬件故障

若是硬件故障其检查步骤为先分清主机故障还是外围设备故障，即从系统确定到设备，再由设备确定到部件。

由系统到设备是指微机系统发生故障后，要确定主机、键盘、显示器、打印机、硬盘和软盘等，是哪一个设备出了问题。这里要注意关联部分的故障，若接口和接口故障在主机，但有可能表现为外围设备故障。

由设备到部件是指假如已确定主机有故障，则应进一步确定是内存、CPU 时钟、CMOS、接口板等哪一个部件出问题。

总之，微机系统故障的检查步骤是：由软到硬、由大到小、由表及里、循序渐进，严禁急于求成、随意操作，这样不仅不能解决问题，还可能产生更大的人为故障。

对微机使用人员来说，只要能将故障确定到部件一级即可，一则可以避免大事小事都找维修人员解决，二则交给维修人员时可做到心中有数，减少可能的损失。目前，即使一般的维修人员也就只能将故障定位在部件一级，至于部件到器件的确定则往往由生产厂家解决。微机故障诊断与维修流程如图 12-12 所示。

2）微机故障的检测原则

在微机故障的检测中一般还应遵循以下的原则：

（1）由表及里

故障检测时先从表面现象（如机械磨损、接插件接触是否良好，有无松动等），以及检查微机的外部部件，开关、引线、插头、插座等，然后再进行内部部件检查。在内部检查时，也要按照由表及里的原则，即直观地先检查有无灰尘影响、烧坏器件以及接插器件的情况等。

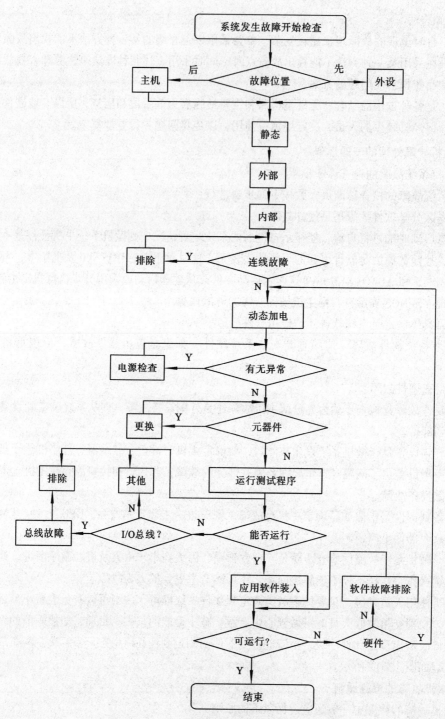

图 12-12 微机故障诊断与维修流程

（2）先电源后负载

微机系统的电源故障影响最大，是比较常见的故障。检查时应从供电系统到稳压电源，以及微机内部的直流稳压电源。检查电压的过压、欠压、干扰、不稳定、接触、熔丝（保险丝）等部分。

若各部分电源电压都正常，再检查微机系统本身，这时也应先从微机系统的直流稳压电压查起，各直流输出电压正常，再查以后的负载部分，即微机系统的各部件和外设。

（3）先外围设备后主机

微机系统是以主机为核心，外加若干外围设备构成的系统。从价格和可靠性等来说，主机都要优于外围设备。因此，在故障检测时，要先确定是主机问题还是外围设备问题，或者先脱开微机系统的所有外设，但要保留显示器、键盘、硬盘或一个软盘，再进行检查确定，若为外设故障则应先排除外围设备故障，再检查主机故障。

（4）先静态后动态

维修人员在维修时应该先进行静态（不通电）直观检查或进行静态测试，在确定通电不会引起大故障时（如供电电压正常、负载无短路等），再通电让微机系统工作进行检查。

（5）先一般故障后特殊故障

微机系统的故障原因是多种多样的，有时故障现象相同但引起的原因可能各不相同，在检测时，应先从常见故障入手，或先排除常见故障，再排除特殊故障。

（6）先简单后复杂

微机系统故障种类繁多，性质各异。有的故障易于解决，排除简单，应先解决。有的故障难度较大，则应后解决。有的故障看似复杂，但可能是由简单故障连锁引起的。所以，先排除简单故障可以提高工作效率。

（7）先公共性故障后局部性故障

微机系统的某些部件故障影响面大，涉及范围广，如主板控制器下不正常则使其他部件都不能正常工作，所以应首先予以排除。然后，再排除局部性故障。

（8）先主要后次要

微机系统不能正常工作，其故障往往有主要故障和次要故障，如系统硬盘不能引导和打印机不能打印。这里，很显然硬盘不能正常工作是主要故障。一般影响微机基本运行的故障属于主要故障，应首先进行解决。

小常识

1．最小系统法

拔去怀疑有故障的板卡和设备，并根据机器在此前和此后的运行情况对比，判断定位故障所在。拔插板卡和设备的基本要求是保留系统工作的最小配置，以便缩小故障的范围。通常应首先安装主板、内存、CPU、电源，然后开机检测。如果正常，再加上键盘、显卡和显示器。如果正常，再依次加装硬盘、扩展卡等。拔去板卡和设备的顺序相反。对于拔下的板卡和设备的连接插头还要进行清洁处理，以排除是因接触不良引起的故障。

2．计算机最小系统测试法

如果计算机开不了机，频繁死机，重起，蓝屏。重装系统、甚至格式化硬盘以后，故障依旧。就可以考虑是硬件出问题了。

如何做快速找出问题的所在，如果有类似经验，可以有针对性的替换、拿走相关配件，以确认问题。如果没有相关经验，可以使用最小系统法快速找到问题的所在。

3. 最小系统法的分类

最小系统分为 3 类：

（1）启动型（电源+主板+CPU）。

（2）点亮型（电源+主板+CPU+内存+显卡+显示器）。

（3）进入系统型（电源+主板+CPU+内存+显卡+显示器+硬盘+键盘），此时其实已经是完整的计算机了，不过光驱、打印机、电视卡、鼠标、摄像头、网卡、手柄之类的还没有插上。

课 后 习 题

一、填空题

1. 环境对微机的_____和_____的影响是不可忽视的。

2. 微机实际工作电压不要超过其额定电压_____。

3. 主板检测卡，二位数码显示 C1，其代表_____部件。

二、选择题

1. 一般关机后距离下一次开机的时间至少要（   ）。

    A. 10 s   B. 20 s   C. 30 s   D. 40 s

2. _____是用备份的好插件板、好器件替换有故障疑点的插件或器件，或者把相同的插件或器件互相交换，观察故障变化的情况，依此来帮助用户判断寻找故障原因的一种方法。

    A. 直接观察法   B. 拔插法   C. 替换法   D. 比较法

三、操作题

举例说明微机故障检测中一般应遵循的原则。

单元 十三 操作系统的实用技巧

引 言

Windows 操作系统提供了很多很实用的技巧，可以帮助用户更好地使用计算机，也可以使用户的计算机更加个性化。

学习目标

学习本单元后，应掌握以下几点：
- 了解并使用常用的技巧
- 个性化自己的计算机

任务十六 了解计算机常用的技巧

任务描述

Windows 本身是一个非常开放、同时也是非常脆弱的系统，稍微使用不慎就可能会导致系统受损，甚至瘫痪。经常进行应用程序的安装与卸载也会造成系统的运行速度降低、系统应用程序冲突明显增加等问题的出现。

任务分析

计算机使用了一段时间，磁盘会产生一些文件碎片，可以使用 Windows 自身带的工具对磁盘碎片进行整理。

使用 Windows 系统自身提供的"磁盘碎片整理"和"磁盘扫描程序"来对磁盘文件进行优化。可以非常安全地删除系统各路径下存放的临时文件、无用文件、备份文件等，完全释放磁盘空间。

任务实施

选择"开始"→"所有程序"→"附件"→"系统工具"→"磁盘碎片整理程序"命令，启动磁盘扫描程序后，选择需要进行磁盘扫描或优化的驱动器，并执行相应程序界面中的命令即可开始操作。

📖 **相关知识**

1. 设置系统属性

技巧 1：善于用系统信息

选择"开始"→"运行"命令，在弹出的对话框中输入 dxdiag，按【Enter】键，弹出提示对话框，单击"是"按钮，弹出"Directx 文件"界面，可以从"系统"、"DirectX 文件"、"显示"、"声音"、"音乐"、和"输入"等选项卡对计算机进行测试，如有故障可以做出相应的诊断。图 13-1 所示为"系统"选项卡的系统信息。

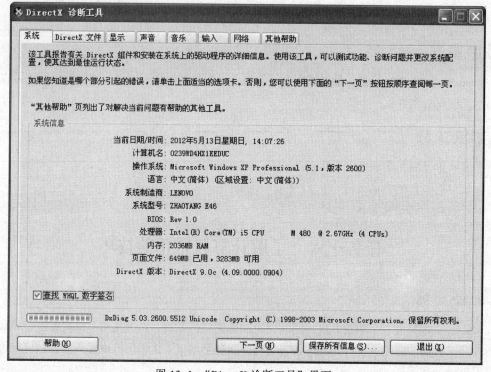

图 13-1 "DirectX 诊断工具"界面

技巧 2：磁盘清理和扫描

Windows 操作系统中自带有"清理磁盘"和"磁盘扫描"的工具。"清理磁盘"可以将垃圾文件从磁盘上清理掉，释放出磁盘空间；而"磁盘扫描"检测磁盘工作情况，减少出错几率。

选择"开始"→"所有程序"→"附件"→"系统工具"→"磁盘清理"命令即可打开进行清理磁盘，选择要清理的驱动器，单击"确定"按钮，系统会自动开始收集目标分区的资料，如图 13-2 所示。

建议先清理"C 磁盘驱动器"，因为通常操作系统都是安装在 C 盘，如果能释放出多余的空间，对提高系统性能有很大帮助。资料收集完毕之后，可以了解到目标分区能够清理出多少"垃圾"，接着选择要清理的项目，然后单击"确定"按钮即可清理。

运行磁盘扫描工具可以右击驱动器，在弹出的快捷菜单中选择"属性"命令，在弹出的对话框中选择"工具"选项卡，单击"查错"选项组中的"开始检查"命令，弹出图 13-3 所示的对话框，选择"自动修复文件系统错误"和"扫描并试图恢复坏扇区"复选框，单击"开始"按钮即可以开始扫描。

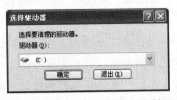

图 13-2 "选择驱动器"对话框

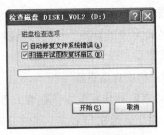

图 13-3 检查磁盘

技巧 3：磁盘碎片整理

在计算机的使用过程中，安装新的程序、删除旧的程序和移动文件等都会在磁盘上造成许多的碎片，对硬件进行整理，可以获得好的性能。

对于 Windows XP 系统，可以右击驱动器，在弹出的快捷菜单中选择"属性"命令，在弹出的对话框中选择"工具"选项卡，单击"碎片整理"选项组中的"开始整理"按钮进行整理，在磁盘整理的过程中会以不同的颜色来显示分散的文件及连续的文件，如图 13-4 所示。最后会将磁盘中的分散空间整理成连续的空间，以提高硬盘的性能。

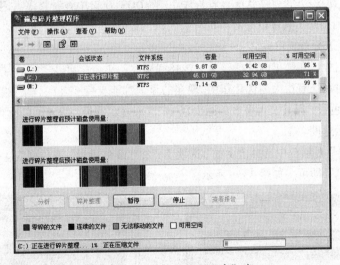

图 13-4 "磁盘碎片整理程序"窗口

技巧 4：Windows 安全模式

安全模式就是 Windows 诊断模式。以安全模式启动计算机时，只会加载运行操作系统所需的特定组件。进入安全模式的方法是：启动计算机，在系统进入 Windows 启动画面前按【F8】键（或者在启动计算机时按住【Ctrl】键不放），在出现的启动选项菜单中选择 Safe Mode 即可。

利用 Windows 安全模式可以解决很多系统问题，以下问题都可以利用"安全模式"解决。

● 修复系统故障：如果 Windows 运行起来不太稳定或者无法正常启动，可以重新启动计算机并切换到安全模式启动，再以正常模式重新启动计算机，多数都可以恢复正常的系统设置。

- **恢复系统设置**：如果是 在安装了新的软件或者更改了某些设置后导致系统无法正常启动，启动安全模式可以很好地解决这些问题。
- **彻底清除病毒**：很多情况下，Windows 正常模式下有时并不能彻底清除病毒，而一些杀毒程序又无法在 DOS 下运行，这时也可以把系统启动至安全模式，使 Windows 只加载最基本的驱动程序，这样可以更彻底、更干净地杀掉病毒。

技巧5：利用自动更新

Windows XP 操作系统中存在着太多的 BUG 和漏洞，因此微软经常会在网站上公布新的升级补丁文件，对于普通用户来说，随时关注这些升级对于系统和安全是非常有帮助的。不用每天登入微软网站在下载和升级补丁，可以利用 Windows 自动更新功能来完成。

默认情况下，Windows 自动更新功能会自动下载更新，并且在更新就绪可以安装时通知你安装更新，根据提示进行安装即可。也可通过"控制面板"中的"自动更新"对自动更新功能进行设置，如图 13-5 所示。

技巧6：有用的小命令

- Asd.exe（自动跳过驱动程序）：检查系统在启动过程中的错误并提供相应的解决方案。
- Extrac32.exe（CAB 文件包释放程序）：该命令可以将 CAB 文件包中的文件释放来。
- Ipconfig.exe（DOS 下的 TCP /IP 配置程序）：在 DOS 下查看和修改 TCP/IP 的配置情况。
- Mem.exe（DOS 下的内存状况查看程序）：在 DOS 窗口中查看程序占用物理内存的情况。
- Net.exe：利用此工具可以查看本机有关网络的设置。

技巧7：合理进行系统设置

右击桌面空白处，在弹出的快捷菜单中选择"属性"命令，弹出"显示 属性"对话框，合理设置其中的项目对系统有很大的优化作用。现在的显卡都能支持 32 位色彩，也就是能显示出 4 294 967 296（2^{32}）种色彩，但其实大多数的画面以 16 位来显示即可，所以可以适当调整其显示色彩，以加快系统的显示速度。

在"显示属性"对话框中选择"设置"选项卡，在"颜色质量"下拉列表中选择"中（16 位）"选项，单击"确定"即可，如图 13-6 所示。

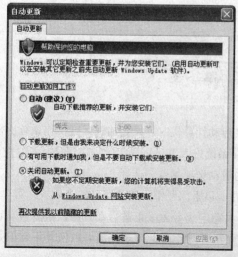

图 13-5 "自动更新"对话框

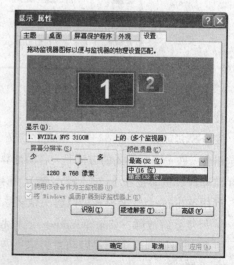

图 13-6 "显示 属性"对话框

如果显示器的屏幕有闪烁，可以在"设置"选项卡中单击"高级"按钮，在弹出的对话框中选择"监视器"选项卡，在"屏幕刷新频率"下拉列表中选择显示器的刷新频率。国际上对于显示刷新频率要求至少在 75 Hz 以上，这样才不会对眼睛有机很大的伤害。

2．个性化设置

技巧 8：优化菜单和桌面

在每个不同的操作系统中，菜单的显示都有不同的设置，但是这些不同的显示效果会造成菜单的延迟出现。如果希望菜单显示得更迅速，可以完全禁止菜单的显示效果。

对于 Windows XP 系统，可以在注册表编辑器中找 HKEY_CURRENT_USER\control Panel\Desktop 分支下的 Menu Show Delay 主键，将其值改为 0 即可。

技巧 9：设置视觉效果

右击"我的电脑"，在弹出的快捷菜单中选择"属性"命令，弹出"系统属性" 对话框，选择"高级"选项卡并单击"性能"选项组中的"设置"按钮，即可设置视觉效果。在"性能选项"对话框中列出了所有使用的视觉效果，选择某一项后单击"确定"按钮即可，如图 13-7 所示。

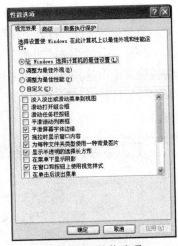

图 13-7 性能选项

技巧 10：设置多用户

Windows XP 有一个很重要的功能，就是让使用同一台计算机的不同使用者拥有属于自己的账户和权限。Windows XP 拥有强大且易用的多用户管理功能，使得在 Windows XP 中设置和管理多用户变得简单轻松。

在 Windows XP 中只有两种不同的账户类型，分别为"计算机系统管理员"和"受限"用户。计算机系统管理也可以创建、删除和管理用户，修改系统中的设置及安装和使用所有的应用程序和文件；受限用户只能使用自己的账号和密码登入系统并更改自己的密码，建立、修改和查找属于自己的桌面设置以及文件，使用共享文件夹中的数据和文件。

选择"开始"→"设置"→"控制面板"命令，弹出"控制面板"窗口，双击"用户账户"选项，在"用户账户"窗口中单击"创建一个新账户"超链接，如图 13-8 所示，接着为新账户输入名称并选择类型，最后单击"创建账户"按钮，新的账户即建立完毕。

图 13-8 "用户账户"窗口

技巧 11：设置文件选项

在打开文件夹之前若能查看到相关的内容及说明将会十分便于选择，该功能可以在"文件夹选项"中进行设置。

打开一个文件夹，选择"工具"→"文件夹选项"命令，在弹出的对话框中选择"查看"选项卡，从"高级设置"下拉列表框中选择"在文件夹提示中显示文件大小信息"复选框，单击"确定"按钮，如图 13-9 所示。以后打开文件夹之前，就能查看该文件夹的相关内容了。

另外在对文件进行分类保存后，还可以将文件夹中的内容用一个图片来特别标识以利于选取。

打开一个文件夹（注意不可以选择"我的文档"文件夹），在文件夹的空白处右击，在弹出的快捷菜单中选择"自定义文件夹"命令，在弹出的对话框中选择"自定义"选项卡，单击"选择图片"按钮，如图 13-10 所示，选择一个图片作为文件夹图片就可以通过图片提醒查找目录内容。

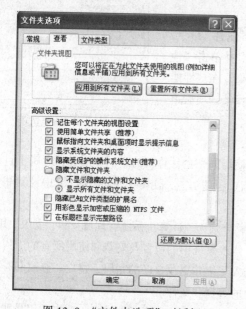

图 13-9 "文件夹选项"对话框

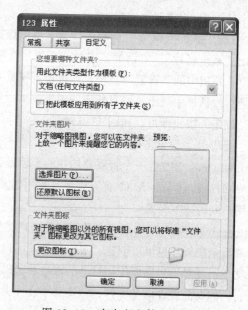

图 13-10 自定义文件夹对话框

技巧 12：禁用某些系统功能

禁止使用某些系统功能可以提高系统的启动速度，最常见的操作就是禁用"自动更新"，该功能只要发现有关于该版本的补丁或升级程序，就会连接到网络并下载。

右击"我的电脑"，在弹出的快捷菜单中选择"属性"命令，在弹出的对话框中选择"自动更新"选项卡，选择"关闭自动更新"单选按钮。关闭"自动更新"后就无法自动下载微软提供的各种补丁和升级程序，只有定期到微软的网站上或其他相关站点上查看新的补丁，如图 13-11 所示。

技巧 13：禁止某个程序随系统一起启动

选择"开始"→"运行"命令，在弹出的对话框中输入 msconfig，单击"确定"按钮弹出"系统配置实用程序"对话框。选择"启动"选项卡，在列表中取消选择不需要随系统启动的程序即可，如图 13-12 所示。

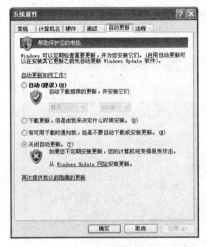

图 13-11　"系统属性"对话框　　　　图 13-12　"系统配置实用程序"对话框

技巧 14：利用休眠功能

Windows 系统提供了"休眠"的功能实现快速开机，使用此功能后，计算机会完全关闭电源，然后于下一次启动时，快速读取存于硬盘中的 RAM 信息，并与数秒内进入操作系统。

选择"开始"→"设置"→"控制面板"命令，在弹出的窗口中双击"电源选项"选项，在弹出的"电源选项 属性"对话框中选择"休眠"选项卡，选择"启动休眠"复选框，单击"确定"按钮即可，如图 13-13 所示。

在实现休眠功能后，选择"开始"→"关闭计算机"命令，就会弹出"关闭计算机"的对话框，在下拉列表中选择"休眠"，然后单击"确定"即可。若使用的是 Windows XP 系统，并且使用的分区格式为 NTFS ，那么直接在"关闭计算机"的对话框中单击"休眠"按钮；如使用的分区格式为 FAT32，将鼠标移到"待机"按钮上，按【Shift】键后，"待机"的选项就会变为"休眠"选项，单击该按钮即可关闭计算机。计算机休眠之后，可看到 Power 灯已熄灭，证明已切断电源。要打开计算机必须按【Power】键，这时计算机就会与上一次缓慢的开机不同，数秒内即进入操作系统。

技巧 15：清除系统临时文件

每次安装程序、浏览网页或将"压缩/解压缩"文件的过程中，都会出现大量的临时文件。这些临时文件只是用于辅助安装程序的，在程序安装完成之后，这些临时文件失去了作用，而且操作系统并不会自动删除这些文件，所以需要定期清除这些无用的临时文件。

在安装操作系统的磁盘驱动器中寻找 Temp、Templates 和 Temporary Internet Files 等文件夹，然后将这些文件夹中的临时文件都清除掉。注意，不要将文件夹也删除，因为这些文件夹以后还要存放暂时文件，每过一段时间清理一次即可。

选择"开始"→"搜索"命令，在弹出的窗口中单击"所有文件和文件夹"超链接，输入.tmp开始搜索。最后将找到的文件全部删除。

技巧 16：清除 Intrnet 临时文件

如果经常上网浏览，Internet 临时文件也非常占用磁盘空间。Internet 临时文件的作用是将用户浏览过的网页内容保存下来，再次开启该网页时，会提高开启的速度。

打开 IE 浏览器，选择"工具"→"Internet 选项"，在弹出的对话框中选择"常规"选项卡，在"浏览历史记录"选项组中单击"删除文件"按钮，如图 13-14 所示。

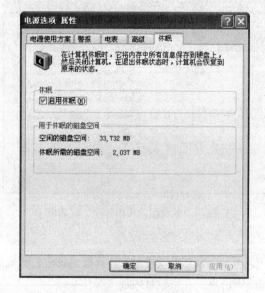

图 13-13 "电源选项 属性"对话框

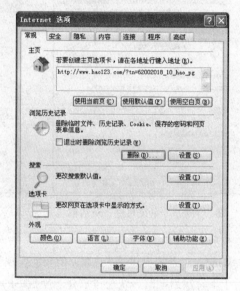

图 13-14 "Internet 选项"对话框

技巧 17：关闭内存转储

虽说 Windows XP 以经很稳定了，不过仍然可能会发生重大的问题，而外在的表现就是蓝屏或者死机。作为系统管理员，肯定想知道系统为什么会出错，因此 Windows XP 中使用了一种内存转储技术，如果遇到重大问题，系统会首先把内存中的数据保存到一个转储文件中，然后再重新启动，而管理员就可以通过分析转储文件了解系统的故障，如图 13-15 所示。

在"系统属性"对话框的"高级"选项卡中单击"启动和故障恢复"中的"设置"按钮，然后在弹出对话框的"写入调试信息"列表框中选择"无"，并且可以搜索所有的*.dmp 文件并删除它们。同时，在"运行"对话框中输入 drwtsn32 并按【Enter】键，取消对"转储全部线程上下文"、"附加到现有日志文件"和"创建故障转储文件"这 3 项选择。

技巧 18：快速启动 IE

如果设置了主页，那么启动 IE 浏览器时就会连接到该指定网页并打开，这样就减慢了 IE 浏览的启动速度。因此，若将主页地址设置为空白网页，就可以达到快速打开的目的。

右击桌面上的 IE 图标，在弹出的快捷菜单中选择"Internet 选项"命令，弹出"Internet 选项"对话框，单击"使用空白页"按钮，此时"地址"变为 About:blank，单击"确定"按钮完成设置，如图 13-16 所示。

技巧 19：加快网页的显示速度

选择"开始"→"设置"→"控制面板"命令，在弹出的窗口中双击"Internet 选项"选项，弹出"Internet 属性"对话框。选择"高级"选项卡，从"设置"下拉列表框中取消选择"多媒体"中的"在网页播放动画"、"在网页中播放声音"和"在网页中播放视频"复选框，即可加快网页显示的速度，最后单击"确定"按钮完成设置。

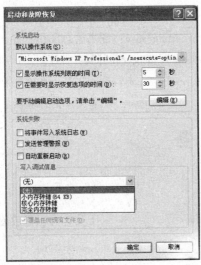

图 13-15　"启动和故障恢复"对话框

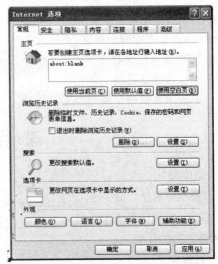

图 13-16　"Internet 选项"对话框

小常识

运行命令大全：

syskey：系统加密

Nslookup：IP 地址侦测器

explorer：打开资源管理器

logoff：注销命令

tsshutdn：60 秒倒计时关机命令

lusrmgr.msc：本机用户和组

notepad：打开记事本

cleanmgr：垃圾整理

net start messenger：开始信使服务

compmgmt.msc：计算机管理

net stop messenger：停止信使服务

conf：启动 netmeeting

dvdplay：DVD 播放器

diskmgmt.msc：磁盘管理实用程序

calc：启动计算器

dfrg.msc：磁盘碎片整理程序

chkdsk.exe：chkdsk 磁盘检查

devmgmt.msc：设备管理器

dxdiag：检查 DirectX 信息

mem.exe：显示内存使用情况

regedit.exe：注册表

winmsd：系统信息

perfmon.msc：计算机性能监测程序

winver：检查 Windows 版本

sfc /scannow：扫描错误并复原

taskmgr：任务管理器（Windows XP/2003）

wmimgmt.msc：打开 Windows 管理体系结构（WMI）

wupdmgr：Windows 更新程序

wscript：Windows 脚本宿主设置

write：写字板

mplayer2：简易 Widnows Media Player

mspaint：画图板

mstsc：远程桌面连接

mmc：打开控制台

dcomcnfg：打开系统组件服务

ddeshare：打开 DDE 共享设置

netstat –an：（TC）命令检查接口

syncapp：创建一个公文包

sysedit：系统配置编辑器

sigverif：文件签名验证程序

sndrec32：录音机

shrpubw：创建共享文件夹

secpol.msc：本地安全策略   cmd.exe：CMD 命令提示符

services.msc：本地服务设置   certmgr.msc：证书管理实用程序

Sndvol32：音量控制程序   ciadv.msc：索引服务程序

eventvwr：事件查看器   iexpress：木马捆绑工具，系统自带

rsop.msc：组策略结果集   fsmgmt.msc：共享文件夹管理器

课 后 习 题

一、填空题

1. 打开系统属性的命令是_____。

2. Windows 操作系统中自带有_____和_____工具，可以释放磁盘空间和减少磁盘出错的几率。

二、选择题

1. Windows XP 按_____键进入安全模式。

 A.【F1】   B.【F2】   C.【F8】   D.【F10】

2. 若使用的分区格式为 FAT32，将鼠标移到"待机"上，按_____键后，"待机"的选项就会变为"休眠"选项，单击该按钮即可关闭计算机。

 A.【Ctrl】   B.【Alt】   C.【Shift】   D.【Enter】

三、操作题

操作自己的计算机，禁止某个程序随系统一起启动，并结合自己的计算机谈谈哪些不需要随系统一起启动的项目。